科学のとびら63

JN204057

研究者として生きるとはどういうことか

杉山幸丸 著

東京化学同人

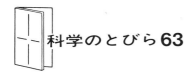

序に代えて —— 科学研究を志す若者たちへ

私は六十年に及んで霊長類の野外研究に携わってきた。カバーの写真は一九六二年に南インドのダルワールで撮ったハヌマンラングール。銀灰色の美しいサルで、インドでは神のお使いとして大事にされてきた。自種の赤ん坊を片っ端からかみ殺すなんて科学者も信じなかった。

ノーベル賞を受賞した大隅良典さんが記者会見で言っていた。「役に立たない研究でも続けていれば必ず良いことがある」　でも、甘い言葉にのってはいけない。たいていの場合、そううまくはいかない。よほどの秀才でない限り九〇%以上は挫折に終わる。しかし科学の裾野は広く、ほんの一握りの秀才だけで成り立っているわけではない。普通の頭脳でも割込む余地はある。ではどうしたら割込めるのか。それを書いてゆきたい。

もう一つ注意しておかなければならないことがある。役に立たない研究は就職口が少ないことに通じる。それでもなんとか食べていけるなら、金持ちにならなくてもいいから科学研究に従事して生きていきたい。そう思うかもしれない。しかし、すぐに役に立たない研究をしていてはなんとか食べていくことだって容易じゃない。特別良いことがなくたって、それでも科学研究で生きていこうと考える若者たちのために本書を書く。あなたたちに覚悟と忍耐と努力が必要なことはいうまでもない。

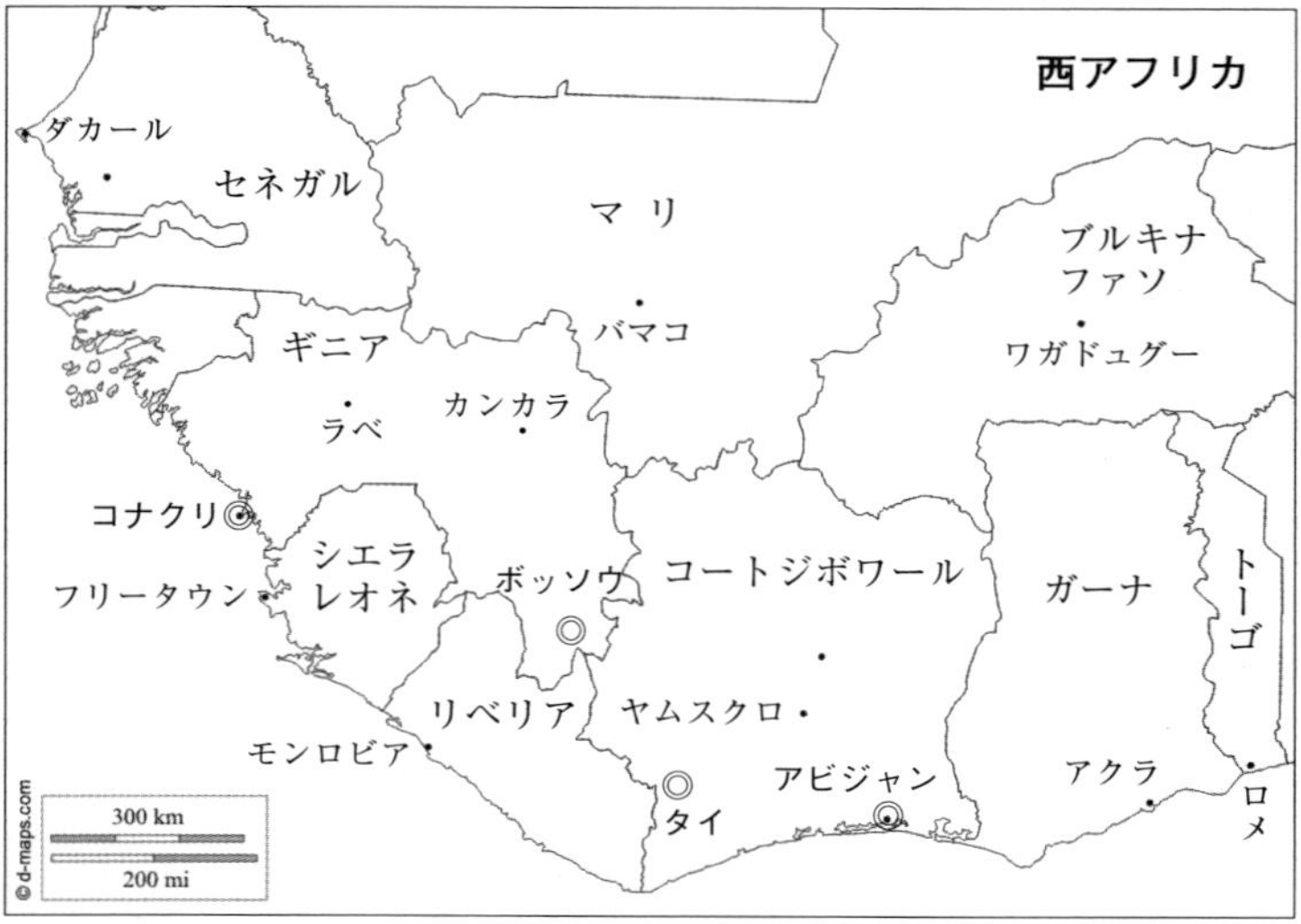

地図出典：インド http://d-maps.com/pays.php?num_pay=84&lang=en
西アフリカ http://d-maps.com/pays.php?num_pay=5&lang=en

目次

第1章　科学者の始まり

最近十年ほどの間、年に平均一人以上の日本人が科学の分野でノーベル賞を受賞している。日本の科学研究が世界の先端を走っていることを示すものだ。裾野のない頂点などありえない。裾野は若者たちが築かなければならない。裾野の一角から新しい山が立上がるはずなのだが、どこから新しい山が立上がるのかは誰にもわからない。わからないからこそ挑戦してみる値打ちがある。

一方、科学研究は天才や特別な秀才だけのものではない。天才や秀才が必ずしも突出した研究成果を上げてきたわけでもない。自然現象の不思議に興味をもった者なら誰でも参加できる。好きであること、それが何より重要だ。でも好きなだけでも駄目だ。情熱と工夫と努力をもち続け、苦労を乗越える意欲がある限り突出した研究成果を上げることは可能だ。とても秀才とはいえない私が歩んだ道を振返り、うまくいったことも失敗したことも含めて、「好き」から「成果」へと導くための秘伝としてここに書く。ただし、自然科学の研究に徹している限り裕福な生活は望めない。それでも生涯を科学研究に費やしたいという元気な若者たちのために本書を書いている。

執筆の動機

私の敬愛するエドワード・ウィルソンさん（Edward O. Wilson：写真右）が『若き科学者への手紙』（邦訳：北川玲訳、創元社、二〇一五年）を出版したので、さっそく読んでみた。しかし科学研究を志す若者にとって、ここには書かれていない大事なことがたくさんあると感じた。それに、幼少のころから生物に関する知識と才能を認められて頭角を現していた大科学者は、とても自分とは月とスッポンの差だと思わざるをえない。もちろん向こうが月でこっちがスッポンだ。とても手の届く距離ではない。それに欧米の人がその知識と経験に基づいて書いたものには私は違和感を覚えることが少なくない。基礎知識や社会環境、文化的背景に大きな違いがあるし、考え方や表現の仕方にも文化全般にわたって微妙な差がある。翻訳が悪いわけではない。加えて、ここに出てくる話は壮大すぎていささか近寄りがたい。もっと身近なこと、私自身とその周辺であったた具体的なことこそ日本の若い科学

社会生物学の創始者, E. O. Wilson さん（右）**と B. Hölldobler さん**（左）ともにアリの研究でも著名だ
［B. Hölldobler, E. O. Wilson, “The Ants”, Belknup, Harvard University Press より］

者の卵に知らせるべきではないか。そして科学に対する関心に火をつけることができるのではないか。そんなふうに思った。

一方、ノーベル賞をもらった先生たちは「好きなことを続けなさい」とおっしゃる。そのとおりだ。私もそれを強調したい。でも、好きなだけで科学者の道を歩めるわけではない。好きなことを続けることは簡単でないことぐらい誰だってわかっている。成果を上げるまでの苦労と苦難の過程をしっかり語ってもらわなければ、美しく華やかな部分と最後の結果だけ披露されても、これから科学者の道を歩もうとする、あるいは歩み始めたばかりの若者に本当の科学者の困難な道を示せない。研究面の苦労や挫折の経験だけではない。経済的な苦労を伴った人も多かったに違いない。

そんなことを考えて、並みの能力しかなかった私でも、とにかく科学者として研究を続けられた人生で大事だったことについて、うまくいったことといかなかったことの両方を、科学の好きな普通の日本の若い科学者志望の人たちに、その卵たちにぜひ伝えておきたいと思って以下のことを書き並べることにした。読んだうえで、ますます科学研究への意欲を高めてもらえれば幸いだ。

私の履歴書

私自身のことを話そう。私は生物学出身で、主として野生霊長類の生態や社会や行動の研究に従事してきた。霊長類の研究とはヒトの起原を明らかにし、今あるべき姿を考え、その行く末を考える指針を得ることである。そのうちの生態・社会・行動の研究とは、人類のたどってきた道のなかで化石に残らない部分を現生霊長類のそれらから復元しようと試みる作業だ。なかでも自然環境というコントロールのほとんどきかない条件の中での研究は結果の出るのが遅く、出された結果はばらつきが多く、かつ曖昧で、何ともまだるっこしい。

私のしてきた研究は生物レベルでの経済と経営、そして心の研究である。生物における経済とは、人間社会でのお金の流れに匹敵する個体の中の、個体から個体への、さらに別の種の生物へのエネルギーの流れである。経営とは集団の成立と管理と運営のことだ。そして、心はいつ、どこからどうして出てきたのかを探ることだ。言いかえれば、人間以前のあらゆる分野、人類学と哲学と倫理学と心理学と、そして経済学と経営学、その他もろもろにつながった、それらの基礎、出処を探る研究である。私たち人間の生活を楽にするわけでも便利にするわけでも、物価を下げるわけでも、病気を治すわけでもなく、応用研究にもただちには結びつかない。直接的には人びとの毎日の生活に関係のない研究だ。でも自然科学とは、どんな分野も本来そんなものなのだ。

基本的には私は理学部なのだが、七年間ほど小さな大学の人文学部に所属してその一部にもいくらか目を通してきた。すなわち、生物学に基礎をおきながらも哲学、人類学、社会学、経済学、経営学、哲学そして心理学や人文科学にもほんの少しずつタッチしてきたことになる。これから述べることは主として私自身のよく知る生物学、なかでも霊長類を核とする上記の経験と知見に基づくことが大部分を占めるのを了解願いたい。

どんな若者が科学者を目指してきたか

ものは順番なのでとりあえず一般論から書くことにする。

応用科学はさておいて、ここではとりあえず自然科学に限定して話を進める。それが科学の基本だからだ。自然科学は森羅万象、地球圏内に限らず宇宙全般についてのあらゆる現象の実態、その現象の起こる機構、原因、原因から実態に至る過程、それらもろもろの歴史等々を明らかにすること、その作業である。なお、日本では科学技術という言葉があるが、技術とはそのほとんどすべてが、少なくとも現代では科学の知識に基づいて人間生活に役立つ方法、またはその方法を開発する仕事である。だから科学技術というのは奇妙な言い方である。科学と技術、または科学・技術と表現すべきだろう。どのヨーロッパ語でも science and technology と分けてよび、それぞれ別のものとして併記している。上記のウィルソンさんの著書には technoscience という言葉が出てくるが、技術的科学とでもいうのか応用科学をさすのか。私にはよくわからないので本書では使わない。

科学者が科学者の道を選んだ動機

ところで、科学者はどうして科学研究を志したのだろうか。宇宙の成り立ちを知りたいとか、生命の根源を明らかにしたいとか、物質の変化の本質に迫りたいとか、そんな遠大な目的をもって始めた人も大勢いるだろう。親が大学教授だったので、あるいは先生の研究に対する真摯《しんし》な後ろ姿を見て自分もその道に進んだ人もいただろう。でも、統計的資料があるわけではないが、大抵は子供のころから野山を歩き走り回るのが好きだったからとか、鳥を観察するのが好きだったからとか、昆虫採集や植物採集が好きだったからとか、天を仰いで星を見るのが好きだったからとか、理科の実験が面白かったからとか、機械いじりが好きだから、などという身近な親近感から出発しているようだ。好きだからこそそれをもっと深く知りたい、一生の仕事にできれば素晴らしいんじゃないか、そんなふうに考えた人が圧倒的に多いようだ。そして何よりも好奇心の旺盛だった人が多い。

自然科学ではないが、考古学者の多くも子供のころから考古学が好きだったようだ。古い遺物を掘り出しては専門家の門をたたいて、その物の使われた目的や時代などを訪ね歩いたという話をよく聞く。これもまた私たちの生活に密着したことではないが、温故知新を地で行く学問だ。もっとも、考古学も最近はほとんどの決定的場面で自然科学が登場している。見つかった遺物の時代判定や材料の成分分析は自然科学の領域だからだ。さらにピラミッドに至ると謎だらけのようだ。建設方法も謎なら内部構造もわからない。多くの学者があれこれと仮説を立ててきたが、最近は宇宙線「ミュー粒子」を当てて内部を透視する方法が開発されつつあるという。歴史も科学で解明される時代が来たようだ。

科学者になって、研究したものが直接社会の役に立って、ある程度の金持ちになった人もいるだろう。でも、それはすでに応用科学の段階に踏込んでいたからだ。経済的利益を目的にしない、少なくとも直接には社会の役に立ちそうもない自然科学の研究で物質的、金銭的に裕福になることはほとんどない。通常は教育活動と並立させることによって収入の道を得る。もっとも、最近は政府の科学技術振興政策によって頂点にあるいくつかの分野では研究活動だけで収入の道が確保されることもあるが多くはない。それに、ここで振られている旗はほとんど応用科学か、そこに直近の自然科学だ。もちろん、ほとんど人々に夢をもたらすだけかのような宇宙から帰ってきた「ハヤブサ」の例もあるが、それでも、その技術は実用になっている人工宇宙衛星と基本的には共通のものだ。

私の場合

私は子供時代を雑木林や田畑の広がる東京の杉並で過ごした。今ではまったく消えてしまった原風景だ。それは太平洋戦争の真っ最中から戦後にかけての，一部の人たち，もともと裕福でしっかりと財産をため込んでいた人か，時代の変化を機敏に察知して財を築いた人か，闇商売でひと儲けした人かを除いては日本中が貧しい時代だった。遊び道具など何もない代わりに森や林や野原や田んぼの横の小川ならいくらでもあった。だから空襲警報の合間をぬって友だちと一緒に森に行ってセミ捕りやトンボ捕りをしたり，小川でドジョウなどの小魚を捕まえたり，もちろん木に登ってカブトムシやクワガタやカミキリムシを捕まえたりすることは毎日の主要な遊びだった。ただし私はいわゆる昆虫少年ではなかった。

竹を細く割いたヒゴを組んで模型飛行機を作ったり凧《たこ》を作ったりもしたが，不器用な私は微妙な調整がうまくできず，したがってそれらを滑らかに飛ばすことがなかなかできなかった。必然的に畦《あぜ》道を走り回ったり木に登ったりの，素朴で体を駆使する荒っぽい遊びの方がずっと多かった。それしかなかったからだ。自然の動物や植物が身近にあり，それらに関する知識が増え，生き物の不思議に興味を覚え，体で会得するのは当然だった。夜の空は広く美しかったが，あまりに遠すぎて私の手が届かなかった。それに，虫や草の名前は覚えても星座の名を覚える趣味はまったくなかった。

しかし，それだけでは一生の仕事として生物学を志すことはなかっただろう。中学２年生のころだった。夏休みに海水浴などに連れて行ってもらうにも，野球の道具を買ってもらうにもわが家は貧しすぎた。そこで学校の校庭の植物を採集して古新聞に挟み，新聞紙を取換えながら，理科室から借り出した北隆館の『牧野植物大図鑑』と首っ引きで100種ほど同定しまくった。もちろんモノクロ図鑑だ。これに対して校長先生が文化賞なるものをつくって褒めてくださった。昭和24年のことだから副賞などのない紙切れ1枚の表彰だったが，うれしかったのはいうまでもない。ごく普通の公立中学校だった。あれが自分の方向性を見いだす最初の一里塚だったかもしれないと思ったのは，ずっと後のことだ。

特段に優秀でもない自分が生物に関わっていける仕事として私は教員の道を選び，東京教育大学に入った。東京大学などに入れる学力は到底なかったからだ。生物学のなかでも，主として生態学を勉強することにした。これなら高価な実験器具などろくにない地方の中学か高校に赴任しても生徒と一緒に楽しみながら，細々と，でも息長く生物とつき合っていけるだろうと考えた。

卒業研究をするころから科学研究というものが，がぜん面白くなった。もうしばらく研究を続けたくなってしまった。そのころだったら動物生態学なら京都大学だ。家庭教師のアルバイトで稼いだわずかばかりのお金を懐にして京都大学の大学院に行った。母子家庭育ちの私には学費はおろか生活費をねだる父親はいなかった。やっとこれから働いてお金を家に入れてくれるはずだったのに，大学院なんて落ちてほしいと母は仏様に毎朝毎夕お願いしていたらしい。これが研究生活に入る第一歩だった。金もないのに就職の当てのない動物学を選んだのは，後から考えれば無謀だったとしか言いようがない。学内の生協食堂でご飯とみそ汁だけの食生活をしていても栄養失調までには至らなかった。でも，後のない崖っぷちに立ったからこそ必死になれたのかもしれない。後から考えれば若気の至りとしか言いようがないが，先の先までなんて考えることもなく猪突猛進できることこそ，若者の特権だ。

　さて、科学者として自立できるだけの能力のある人なら、大会社に入って課長に、部長に、さらに重役にと進んだ方が経済的にははるかに豊かな生活を送れるはずだ。それなのに科学者（あくまでも自然科学者）を目指したのは真理の探究という大目的もあるだろうが、「なんといっても好きなことを一生続けていけるなら物質的に余裕のある生活ではなくとも、最低限食っていけるならそれでよい」と、それぐらいのところで進路を決めた人が大多数だったと言っても過言ではないだろう。

第2章　分野とテーマの選択

君の研究を流行させればいい

かつて私は新聞社の依頼で次のような記事を書いたことがある。少し長く、かつ拙い文章で意を尽くせていないが、朝日新聞一九九八年十一月十七日・「一語一会」欄をそのまま再録する。

『自然科学は、自然界の成り立ちの構造や機構を明らかにすることが仕事で、なかでも以前の生物学は、人々の明日の暮らしを楽にすることとはかけ離れていた。

生物の研究をしていますと言うと、貧乏書生なのに、よほど金と暇のある人間だと思われて、「ああ、（昭和）天皇と同じ研究ですね」と言われるのがおちだった。やがてそれがバイオ、バイオと騒がれて、「いえ、私のは天皇の研究に近いんです」と言いたくなったほどである。

学生が時流に流されやすいのは今に始まったことではない。私が大学院を受けた四十年前（一九五八年）、同じ理学部でも物理や化学は盛況だったが、動物学専攻の競争率は一・三倍ほどだった。そもそも就職口がなかった。なかでもサルの研究は、「アフリカに行きたいから」などという落ちこぼれのいくところだった。はやらない分野だったのである。おまけに、伝統的な分野と違って大学にポストがない。

それでも、広報上手な先輩が一般受けのする本を書きまくってくれたおかげで、リーダーだの、順位制だのという言葉は社会に受入れられていった。それなのに私は、そうした概念を打消すような研究を進めていった。どうも日なたから外れていくようだ。

そんなとき、ある学生が「これから流行するのはどんな研究ですか」と先生に聞いたら「君の研究を流行させればいい」と言われた、という話を聞いた。そうだ、これだ。何が面白くて、一生かけてまでこんな研究をしているのか、明日の生活を楽にするわけではないが、人類の未来にどう光を照らせるのか、あなたの人生観にどう影響を与えうるのか。それを的確に伝えられれば、流れはおのずからできるはずだ。自分の研究の大事さを自分で理解することにもなる。

流れは自分でつくること。そんな思いを強くした言葉である』

これはもう二十年も前に書いたもので、かつ、字数の制限されている新聞の囲み記事なので詳しい説明を端折っているが、今でも色褪《あ》せていないと思う。少々手あかがつきすぎているが「ナンバーワンよりオンリーワンに」とよく言われる。我こそはオンリーワンになどと気負わなくとも、流行させようなどと思わなくとも、自分にとって一番興味があることに執念深く食らいついていけば、いつの間にかオンリーワンになっているものだ。どんな分野を選択するかを迷うよりも、自分の興味を自分の分野、自分のテーマにすることが科学者のまず第一の基本だろう。

激烈な競争を勝抜くか

DNAの二重らせん構造といえば、今では中学校の教科書にさえ載っている。しかしこれが明らかになるまでには、世界のトップレベルの科学者たちの間で激烈な先陣争いが起こっていた。競争相手の進行状況を探り、仲間内で切磋琢磨、激烈な議論を闘わせて、ついに米国のワトソン（James D. Watson）と英国のクリック（Francis Crick）という超秀才の二人が共同で二重らせん構造仮説の提唱に成功した。この間の、少々陰惨でさえある競争の様子が当のワトソンさんによる『The Double Helix』（江上不二夫・中村桂子 訳『二重らせん』、タイムライフインターナショナル、一九六八年）に詳しく書かれている。わずかに先を越された研究者の悔しい思いも描かれている。まるで秘密裏に進められるグローバル企業間の新商品開発・製造・販売競争のような激烈さだ。ワトソンとクリックの二人こそ競争を勝抜いたナンバーワンというべきだろう。この書物が邦訳で出たのは私が修士課程一回生のときだった。科学研究って、こんなにも激烈な競争の渦中を泳ぎ切らなければならないものなのか。スポーツ選手じゃあるまいし、私にはそんな闘争心も競争心もありそうにない。そんな激烈な競

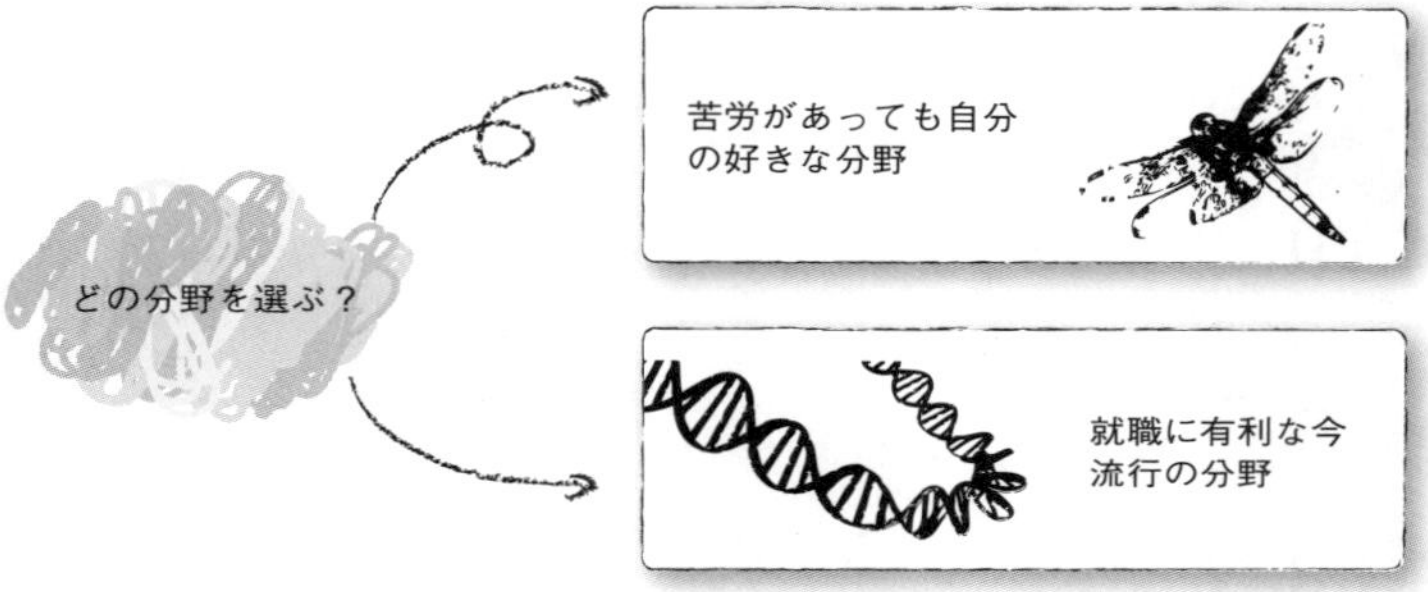
どの分野を選ぶ？
苦労があっても自分の好きな分野
就職に有利な今流行の分野

私の場合

大学の卒業研究では千葉県浦安市の江戸川河口の遠浅の砂浜で，砂の中に穴を掘って砂上の砂粒に付着した有機物を濾しとって食べているコメツキガニ（スナガニ科の *Scopimera globosa*）の社会行動を調べた。山本周五郎の『青べか物語』の舞台となった場所である。数年前に行ってみたところ埋立てられて草ぼうぼうの荒れ野になっており，正確な場所を特定することはとてもできなかった。

さて，夏になって無数の稚ガニが海から上がってきて砂浜に定着する。穴を掘ってそこを住処とし，砂に絡まった有機物，つまり生物の死骸をはさみで濾しとって食べるのだ。あとから上陸してきた稚ガニが成長してだんだん生息密度が高くなってくると，互いの巣穴が接近してくる。食料供給源である巣穴の周りの縄張りが縮小し，お隣さんとぶつかり合うようになる。そこでいさかいが起こる。縄張りの境界付近ではさみを振上げ振下げして，互いに威嚇し合うのがスナガニ類の特徴的行動だ。負けた方は自分の穴に逃げ込むが，勝った方だって余計な時間を費やしエネルギーを使うことになる。小さな個体が負けて出て行くよりも大きな個体が飛び出して巣穴なしに危険な砂浜を放浪する例が多い。奇妙な現象だが，大きな個体にとっては小さな個体よりも餌不足は深刻らしい。近隣個体への威嚇行動が頻繁になると採食している暇がなくなるのも原因らしい。こうして食物と社会行動の複雑な関係に興味が増した。教員になるのは後回しにして，もう少し研究というものを続けたくなったのだ。

一文無しのくせに大学院に入ろうとしたのはこんなことからだ。どんな分野でどんなテーマを選んだら波に乗れるか，オンリーワンなど考えもしなかった。だから今でも，他人に「オンリーワンになりなさい」などと大きなことは恥ずかしくてとても言えない。私にとって大事なのは社会行動とその基礎になる食物事情，それらのつくるネットワークを明らかにしたい。それだけだった。まだほとんど誰も手をつけていない，多種間の食物連鎖と同種内の社会関係のつながりという生態学の基本項目だ。

争なら、自分がやらなくたって一年後、いや一カ月後にもう誰かがやっているだろうという思いが先に立つ。とても私にはそんな渦中に巻込まれても泳ぎ切る体力も気力も根気もない。

最近、京都大学の山中伸弥さんがｉＰＳ細胞の作成に成功し、発表されたその日のうちにこのニュースが世界中を駆け巡ったとのことである。近い将来、医学と医療に大きな役割を果たすだろう、そして多くの人を難しい病から救い出してくれるだろうという期待のもてるすばらしい成果だった。それにしても一日のうちに世界中に知られたということは、大勢の競争相手がいて、互いに必死になって先陣争いをしていたということを如実に現している。そしてその後も激烈な競争は世界の科学界で続いている。山中グループもおちおちしていられないのだ。今でも激しい競争が続いているという。

二〇一六年二月に重力波の直接観測に成功したという発表があった。このニュースもその日のうちに世界中を駆け巡った。日本も先陣争いに参加していたが、米国を中心とするチームに先を越されたらしい。宇宙の起原に迫る研究に弾みがつくとのことだ。この研究の論文には千人もの著者が名を連ねているそうだ。細部での個々の参加者の創意工夫が積み重なっての研究なのだろうが、そしてその一つ一つが何十億円ものお金をつぎ込んだ巨大な山の欠かせない要素になっているのだろうが、山の一角であることには変わりない。

あとでウソがばれたが、理化学研究所のＳＴＡＰ細胞の研究もその直近の研究だったのだろう。倫理も何もなくがむしゃらに成果を上げたかったのだろうと推察される。槍玉にあげられて失墜した本人だけでなく、周囲の同僚や先輩も競争に明け暮れ、科学者の本質を忘れてしまったのだろう。科学はスポーツではなく自然の、宇宙の、世界の成り立ちを明らかにする地道な作業だったはずなのだ。

私の場合

動物の社会行動を中心とする生態現象に関心をもって大学院に入った私は，どうせやるならと，カニから一足飛びに一番人間に近い霊長類を研究対象に選んだ。

霊長類に社会を認め，そこから人間社会の原型を探る試みは世界のどこでもない日本で，野生ニホンザル（*Macaca fuscata*）の研究から始まった。人間社会，たとえば社会学とか文化人類学の研究における村落調査と同じように集団の中の各個体を識別し，各個体の行動と個体間の関係を詳細に記録して，各個体の集団内の役割や位置づけを探って社会構造を明らかにする方法である。言葉がないから行動の記録を詳細にとって，これらすべてのことを明らかにする。その結果，驚くほど人間に近い高度な集団の成り立ちが明らかにされて行った。それは世界の人間研究にも動物研究にも大きな衝撃を与えたが，私が大学院に入った1958年はまだユニークな研究として知られ始めたばかりのころだった。動物社会の研究としてもってこいの材料だと思った。そもそも競争相手など世界中探してもほとんどいなかった。この種の研究を始めた10歳前後上の先輩が日本に7，8人いただけである。

当時，ただでさえ就職への門戸の狭い動物学のなかで，歴史の浅い生態学は大学教員への就職の門が極端に狭かった。そのなかでも害虫研究に応用のきく昆虫学や水産資源学に隣接した魚類研究ならまだしも，サルの研究ではまったく潰しがきかない。まして，その中の社会の研究なんて。当時は自然保護や環境保全が学問になるとは考えられていなかった。しばらく研究を続けてから，本来の目標だった中学・高校の教員になるか動物園の飼育員だったらなんとかなるかなと考えた次第である。うまくいけば農事試験場とか水産試験場などに入って研究職に就けるかもしれない。100％研究に専念できる，しかも霊長類の研究をそのまま続けられる職につけるなどという甘ったれた考えは，少なくともそのころは毛頭なかった。

基本的には競争の世界ではない。独自の世界を切り開く孤独な世界だったはずだ。

ちなみに言うと、理化学研究所というのはもともとは大正時代に国策によってつくられた民間の研究所だったが、財団法人とか株式会社などの組織改編を経て今は国立研究開発法人となっている。教育に関わることなく純粋に研究に没頭できる、日本では数少ない研究機関だ。しかしそこで研究をし続けるのは並大抵ではない。激烈な競争にさらされているからだ。競争に生き残れなければたちまちお払い箱になるシステムになっている。

生命科学

生命科学といって、生物学のなかでも超ミクロな、生命の本質または根源に迫る、さらに応用にも生かせる前述のような研究が世界的に最高潮に達している。当然、大勢の俊秀が互いに競い合っている。この競争に割込むのは至難の業である。そんななかにゲノムの研究がある。ゲノムとは遺伝子の集合またはその全体をさす用語だ。遺伝子は単独ではなく互いに影響し合って作用しているという考えから出てきた概念である。一九九〇年代に入る少し前ごろからだろうが、ゲノム、ゲノムと熱に浮かされたようにそこら中で聞こえてくるようになった。世界中で大勢の科学者がこぞってゲノムの研究に参画した。

そこそこ優秀ではあったが特段というほどでもない一人の学生がゲノムの研究を始めた。教授から与えられた重箱の隅をつつくようなテーマを生真面目にこなし、一応の結果は出した。しかし就職口がない。一つの空きポストが大学や研究所にできると百人を超える応募者が殺到する。まるで宝くじ社会とは生態の一部である。生態とは生活の複合総体である。生活といえば個体を中心に考えるから，食物を獲得して，食べて，得たエネルギーを運動や成長や繁殖に使い，子孫をつくり，その子孫を守ることだ。生息密度が高まれば近隣の個体と調整し合ったり，共同したり，ときには競争したり，資源をめぐって争ったりしなければならない。個体間の関係の総体が社会である。ついでに言うと，これらを多種の総合として扱うのが生態学である。そう考えて私は，何の疑いもなく生態現象の一部として霊長類の社会の研究を始めた。社会の研究をするためには，その基礎となる生活全般を，たとえ浅くでも広く把握しておかなければならない。そんなふうに考えて，まずはサルの生活の本拠地である森の中を群れとともに体中にひっかき傷をつくり，青あざをつくりながらがむしゃらに歩いた。

実はそのころ，野生ニホンザルの餌づけが成功して個体の行動と個体間関係の把握に詳細なデータを収集できるようになっていた。そして大方の先輩や同輩は森の中を歩くより人工的につくった餌場に陣取って，至近距離で観察が容易になったサルからデータを収集することに集中するようになっていた。そもそも体力的にそのほうがはるかに楽だし，量的なデータが十分にとれる。

まずは生活全般を知ろうという私の思惑は，人間学としての霊長類研究を始めた先輩たちの不興を買い，嫌味も含めて厳しく批判された。霊長類の特徴はその高度な能力にあり，人間に最も近い，もしくは人間に固有と考えられてきた部分にこそ研究精力を集中すべきなので，そんな無駄なことをするなということらしかった。サルを人間としてみることこそ大事なのだと。

私はあえて孤塁を築こうなどと大それたことを目指したわけではなかった。しかしいつの間にか霊長類社会生態学という小さいながらもこれまでほとんど誰も歩んだ足跡のなかった独自の分野を，手探りで歩み始めていた。そんな無人の野を一人で歩いているなんて露ほども考えていなかったというのが，正直なところである。付け加えておくと，森の中でサルとともに歩いたこと，つまり群れの遊動を丹念に追ったことが，100頭を超える哺乳類の集団がどういう過程を経て分裂するかを明らかにした，世界で初めての記録となった。生活全般はもちろん，社会の成り立ちを明らかにするうえでも決して無駄ではなかったと，のちに思った。

余談だが，当時の森の中を歩き回る野外調査は双眼鏡やカメラを持ったうえ，重さ3～4 kgはあるデンスケと称する録音機を肩に，長さ30 cmを超える500 mm望遠レンズを反対の肩からたすき掛けにしての強行軍だった。

カメルーン・カンポの森にて

を当てるようなものだ。教員公募があるたびに彼女は数十回も応募したがすべて不採用だった。そしていまだに教授が獲得してきた研究費の一部をもらって上司の研究の補助的研究をしている。とりあえずは一人かつかつ食べていけるぐらいの報酬はもらっているが、安定した生活基盤を得る将来の見込みがあるわけではない。思い切って方向転換しようかとも思うが、これまでのキャリアを捨てきれずにぐずぐずしている。数学が不得意な私はあまりに計算高いのは好きじゃないが、でも、自分の力量をはかりながら、ある程度は先の可能性を考えて分野の転換を考えてもいいんじゃないかと思わずにはいられない。本当はそんなことなど考えずに、自分の考える道をひたすら歩むのが一番なのだが。

孤塁を築くか

オンリーワンになるということは無人の野に孤塁を築くことである。ほんの少し意味が違うが「鶏口となるも牛後となるなかれ」という日本古来の格言もある。そんなこと言ったって「言うは易く行うは難し」だ。簡単なことではないだろう。意気軒昂な人か猪突猛進型の人は、慎重でなければならないのは当然だとしても失敗を恐れずにやってみたらよい。でも大抵は無理だ。失敗の確率の方が高い。そもそもどうやったら孤塁など築けるかがわからない。並みの人は無理しない方がいい。それよりも大切にしなければならないのは自分の考え、関心、興味、そして好奇心を捨てないことだろう。予想外の孤塁を知らず知らずのうちに築いているかもしれないからだ。初めは小さな孤塁かもしれないが、知らぬ間に成長しているかもしれない。

第3章　普遍と特殊

科学者なら誰でも、どこにでも通用する普遍的、一般的な現象を見つけだそうと躍起になっている。そしてその現象の起こる原因とか要素を明らかにする。要因分析は必然的にミクロへミクロへと掘り下げていくことになる。同じ実験条件なら誰がやっても必ず同じ結果が出てくることを期待している。実験を重ねて期待どおりの結果が出れば、初めて科学の世界で認められる。条件を一定にして結果をもたらす原因との因果関係が明らかになれば仮説から理論に昇格する。本当にそうだろうかと疑問を抱いた人は自分でもやってみる。追試といわれる作業だ。でも、よほどの大問題か、そこから新しい課題が抽出できそうな見込みがない限り、「やっぱりそうでした」だけでは新しい科学的業績の価値が格段に落ちるので、追試は二流の科学者のすることとして敬遠されがちだ。でも、案外予想外の結果が出るかもしれないので追試を軽視してはいけない。

自然界でも同じような環境条件なら同じような現象が見つかるはずだ。しかし自然環境で起こった現象の場合、まったく同じ条件はほとんどありえないし、似たような環境で類似の対象を見つけることさえ容易ではない。そこで、原因と結果の関係について、さまざまな仮説、推論が交錯することになる。そんなことをあれこれと繰返しながら私たちの自然に関する知識が積み重ねられ、広げられ、そして全体像が明らかになってゆく。相互の関係がしだいに明らかになり総合化・普遍化が進む過程だ。

奇妙な結果が出ることもある。これまでに積み重ねられた多くの事実や実験結果、知識とそぐわない。自分の実験が間違っていたんじゃないか、観察が間違っていたんじゃないかと心配になり、悩みまくり、落ち込んでしまう。例外現象の発見は、しかし、本当はきわめて重要だ。自分が間違っていたと思ってそのままごみ箱に捨てては絶対にいけない。そのことを縷々《るる》述べたいと思う。

ハヌマンラングールの子殺しは異常行動か

少し長くなるかもしれないが我慢して読んでほしい。すでにこのことについて知っている人は次の節まで読み飛ばしてもかまわない。詳しくは拙著『子殺しの行動学』（北斗出版、一九八〇年：講談社学術文庫で一九九三年に再刊）に記したが、ここでは必要な部分のみ簡略に記す。

一九六二年のことだった。私は南インドのダルワール（巻頭地図参照：現在はダルワード）という町から二十数キロ離れた森でハヌマンラングール（*Presbytis entellus*　現在は *Semnopithecus entellus*）というサル（次ページ写真）の観察をしていた。銀灰色の毛を身にまとった美しいサルで完全植物食者だ。インドではサルは神の使いとして大事にされているので、観察追跡は森の中でも比較的容易だった。ニホンザルと違って一つの群れにおとなの雄は一頭しかいない。おとなの雌は九頭前後。未成熟の子供と赤ん坊を含めて群れサイズは約十六頭。雌の数に比べて子供が少ないのは後にわかることになる。単雄複雌群（略して単雄群）という。出生性比は一対一だから当然だが、多くの雄がどの群れにも属さずに環境の悪い、つまり食物になる木の少ない、かつ肉食獣の襲撃から逃げる術の少ない荒れ地にばらばらでいる。もしくは、そんなところにたむろしている。縄張りも雌ももてないあぶれ雄たちだ。雌は複数いるがおとな雄が一頭しかいない群れの中はきわめて和やかで、子供が大きな雄にじゃれついたり、雄の長い尻尾につかまってブランコをしたりしている。雄は自分の子に寛容なのだ。こういう群れを見ていれば、ハヌマンラングールとは平和なサルだと言ったジェイさん（Phyllis Dolhinow-Jay）の先行研究は正しかった。しかし、それはあくまでも一つの群れの内部のこと。群れの外には大量のあぶれ雄というとてつもなく大きな矛盾が鬱積していたのだ。

そろそろ雨季の始まる五月末日のこと、烏合《うごう》の衆だった雄七頭が突然ドンカラ群と名づけた群れを襲い、そこの雄と死闘を繰広げた。多勢に無勢、群れの雄は大怪我をして群れから放り出された。ついで群れを乗っ取った雄間にもいざこざが起こり、最終的に、襲撃に一番活躍した雄が乗っ取った群れに残り、あとの雄はあっさりと追放された。せっかく成熟近くまで成長した雄の子供たちも群れの雄について群れから離れて行った。もちろん、これらの雄たちがあぶれ雄集団に合流するか新たなあぶれ雄集団になるのだろうと予測された。

ハヌマンラングールは銀灰色をした美しいサル　インドでは神のお使いとして大事にされてきた。自種の赤ん坊を片っ端からかみ殺すなんて科学者も信じなかった

事件はそのあとだった。新しく群れに入った雄は逃げ惑う雌を追いかけて、つぎつぎとその懐に抱かれた赤ん坊をかみ殺していった。ただちに脱落した赤ん坊もいたが、一日ほど生きたまま母親に抱かれてい

たのち、母親が特別な保護をしなかったために一、二日後にはやっぱり脱落した。調査地に生息するトラかジャッカルに食われたのだろう。死体はほとんど見つからなかったが、母親の授乳と保護なしに生き延びることは不可能なので全員死んだことは間違いない。その後、母親は一週間から一カ月のちに発情し、新しい雄とつぎつぎに結ばれていった。そして約六カ月後に新しい赤ん坊が誕生した。

こんなことってあるものだろうか。困惑した私は少し離れた場所にいた別の群れの雄を取除く実験をした。そしてほぼ同様の事態が発生することを確認した。野生の大型・中型の哺乳動物に実験手法を取入れた、ほとんど世界最初の試みだった。

なぜこんなことが起こるのか。授乳中の赤ん坊をもつ母親は妊娠しない。ホルモンバランスは「いま妊娠して出産したら育てきれなくて前の子か新しい子のどっちかを捨てなければならなくなる、もしかしたら両方とも」と発情も妊娠も拒否するからだ。雄にとっては、赤ん坊が母親から独立するまで待っていたら、せっかく獲得した雌たちのいる群れをいつ次の放浪雄に乗っ取られるかわからない。そこにいる赤ん坊をいち早く排除して「母親」を妊娠できる「雌」に変えなければならない。そうしなければ自分は子孫を残さずに死ぬしかない。これが自分の子を早くつくってくれる雌を生みだす唯一の方法だ。子殺しは母親を雌に変える方策。これが私の当時の解釈だった。

発表に対する拒否反応

同年秋、北インドのバラナシ（ベナレス）で行われた全インド動物学会でこのことを報告した。聴衆の反応はほとんどなかった。ついで一九六四年クリスマスの直後、カナダのモントリオールで開かれたAAAS（American Association for the Advancement of Sciences：全米科学振興協会）の国際シンポジウムに招待されてこの話をした。最後に締めくくった座長は、「杉山は優生学に合わないことを観察した」と否定的な総括をした。論文に書いて英国で発行されている『ネイチャー』（*Nature*）という国際科学雑誌に投稿したが、「もっと正確な観察を積み重ねてから来なさい」という嫌味なコメントがついて却下された。まったく信用されていなかったようだ。

その後も、異常行動の観察として一部では取上げられたものの、なぜそんな異常行動が起こるかを論じた論文は一つも現れなかった。まじめに論議されるようになったのは一九七〇年代に入るころからである。最初に国際シンポジウムで発表してからも、英語で論文を発表してからも、最低六年以上が経過していた。

科学者は何を考えているか

普段接しているどんな現象でも、あるいは珍しいことでも、どうなってるんだろう、どうしてだろうという疑問が湧いたら、その原因を探り、答を見つけるための方法を考える。原因と結果の関係を推測する、つまり仮説を立てる。立てた仮説を証明するのに適当な実験手順を考えて実験に取りかかる。仮説検証型の研究だ。何度やっても同じ結果が出てくれれば問題ないが、大抵は結果にばらつきが出る。そこで繰返し実験をして統計的にほぼ確実だといえるところまでしつこく、「もう結果は明らかじゃないか」と心の中では思いつつも辛気臭い実験を重ねる。

通常は九七％以上の確実さで、つまり統計的に有意の差があったとして可とするが、厳密性を求めるときは九九％以上の確かさが必要となる。この量的データの蓄積が研究者の毎日のうんざりするほど単調な仕事だ。有意の差とは、その結果がほぼ確からしいという信頼度を示すものである。つまり九七％とか九九％の確かさを意味する。異常行動といってしまえば原因探求などする価値のないゴミあくたの扱いだ。そのままくずかごに捨てられ、消滅する運命にある。

科学者の多くは自分が無神論者だと思っている。慣習としての宗教はもっていても、絶対的といえるほど科学的「真実」の方を信じている。そして発見した事象の起こる原因とその過程を探るべく日夜奮闘している。ところが彼らの信じている科学的真実とは、それまでに積み重ねられてきた事実と知識から総合的に組立てられた考え方に基づいている。このような考え方の根本的枠組みをパラダイムという。この枠組みが変わることをパラダイムの転換という。

史上最も有名なパラダイムの転換は、誰でも知っているとおり天動説から地動説への転換だ。太陽の周りを地球が回っているなんて、そんな馬鹿げた話があるか。太陽こそ地球の周りを回っているのだと人々は考えていた。地動説を触れ回るなんて人心を混乱に陥れる不埒《ふらち》な奴だ。世の中の安定を願う中世の為政者もキリスト教の指導者も地動説を否定しようと躍起になった。ガリレイやケプラーも地動説のほうが正しいんじゃないかと考え始めていたが、最終的に証明した偉人の名を冠して、この一大パラダイムの転換はコペルニクス的転回とよばれている。

福島で起こった原子力発電所事故も、「安全だと言われたから安全だと思っていた」という、自分自身で考えようともしない人々にとっては物事の考え方を根本から変えるという意味で、パラダイムの転換だったといえるかもしれない。事故後、何カ月もの間、名の売れた舞台人や芸能人がテレビや新聞で平然とそんなことを言っていた。電気は遠くに送るほど電気抵抗で減衰する。途中の施設の土地購入費と建設費や維持管理費と人件費もばかにならない。だから最大消費地である東京に原発をつくるのが一番効率的だということぐらい素人だってわかることだ。それなのに、そんなことを言う専門家が一人もいなかった。原発が危険だと彼ら専門家は十分に知っていたからだ、と、ちょっと考えれば普通の人だって簡単にわかるはずなのに。東京につくった原発が事故を起こせば福島よりずっと小さな事故だって日本の政治も経済も壊滅状態になり、国家の存続さえ危うくなることは明らかだからだ。

科学教の信者

現今の科学者だって大方は既存のパラダイムの範囲の中で思考を進めている。だからそのパラダイムに合わない現象や発見を認めようとしない。何かの間違いだ、実験や観察が間違っていたのだという判定を下す。世界中に広く認められている現在のパラダイムの熱烈な信者なのだ。そう、科学という宗教に取りつかれている。無神論者を自認する科学者のほとんどすべてが、本当の意味での無神論者ではない。科学教の信者なのだ。科学教の聖典は現存のパラダイムだ。自分が科学教の信者だということを自覚した科学者は少ない。自覚があれば、「待てよ、聖典の方が根本的に間違っているのかもしれない」と気づいて悩むことが可能だ。でも気づかないのが世界中の九九・九％の科学者だ。

一九六〇年代までは、本当にこんなことを書いた真面目な書物はどこにもないのに、個体は種《しゅ》の繁栄のために存在すると考えられていたようだ。だから自分の種の他個体を殺すなんて、そんな種にとって損失になることをするわけがない。こういう話のときに真っ先に槍玉《やりだま》にあげられるのは動物行動学の創始者・ローレンツさん（Konrad Lorenz）だが、彼だってそこまでは言っていない。「個体は種の繁栄のため」仮説は、いわば「科学界の魔女狩り」だったのだ。

私の発見、記録、公表した種内子殺し現象は何かの間違いか、たまたまの事故か、異常行動だと考えられた。野外実験によって「たまたまではない、同じ状況になったら同じことが起こる」、つまり普遍的な現象だということを私が実験で証明したにもかかわらず、まだ認めようとしないほど九九・九％の世界中の科学者による既存のパラダイムへの信仰心は厚かった。信仰から抜出す柔軟な頭脳をもつことがどんなに大変なことかわかってもらえただろうか。そして、そうした柔軟な脳をもつことがどんなに大事なことか。

「男は女を裏切り女は男を裏切ることがあるが、科学はあなたを裏切らない」と誰かが言ったそうだ。そのはずだ。でも、まれに裏切られることがある。そのときは「その科学」が間違っていたのかもしれない。自分を過信してもいけないが、今そこにある科学を信じすぎてもいけない。もっと大きな科学を探しだすことに努めよう。

なお、すでにご存じだと思うが、その後ハヌマンラングールをはじめとする種内子殺しは主として単雄群をもつ霊長類の各種で多数見つかり、現在では霊長類の社会構造の根幹をなす問題として認識され、議論の対象になっている。生物学を根本から揺るがす現象だったのだ。ニホンザルのような複雄群でさえ、まれに単独雄によって群れの赤ん坊が殺されることが報告されている。

第4章　例外は大きな法則への第一歩

ニホンザルの雌離脱は例外現象

ハヌマンラングールは群れの中におとな雄が一頭しかいない単雄群だったが（ただし地域によって異なる）、ニホンザル（*Macaca fuscata*）は一群れの中におとな雄も雌も複数いる複雄複雌群（複雄群）である。成熟前後に雄は生まれた群れを出て行き、あちこち放浪の末よその群れに入り込む。そしてそこで繁殖し、子孫を残す。一方、雌は通常、生まれた群れに一生とどまる。いわゆる雄分散雌残留型の社会を形成する。雄は成熟して加入した群れからもやがて出て行く。これで母と息子も父と娘も近親交配の可能性が物理的に生じなくなる。余談だが、この近親交配回避の機構が動物レベルにも厳然として存在していたことの発見は人類学に大きな衝撃を与えた。なぜなら近親交配回避こそ人間文化の一つの特徴だと考えられていたからだ。

そんな群れから雌がいなくなると、ただちに死亡と判定されるのが当たり前のようになった。雌は妊娠、出産、育児というハンディキャップを成熟してから老齢になるまで抱えており、親の近くで過ごすことがより安全で合理的だと考えられるからだ。多くの哺乳類がこの型の社会をつくる。集団をつくる種も単独生活をする種も基本的に同様だ。単独生活をする哺乳類の場合でも、雄が遠くに分散し、雌は母親からあまり遠くない土地に定着する。だから兄弟姉妹でも交配する確率はきわめて低い。

さて、そんなニホンザルの群れからおとなの雌が何頭も出て行った（群れ離脱の）例を私はいくつも確認した。なぜ死んだのではなく出て行ったといえるのか。数カ月から一年もたって戻ってきた個体や森の中で単独で歩いているのを確認したからだ。群れから雌が消えたらただちに死亡と判断するのは危険だということを注意喚起するために小さな研究会で発表したところ、「(それはニホンザルの社会にはそぐわないことだから）どうして雌が群れを出て行くのか、その原因を言え」、と先輩から彼の著書の中で突然前触れもなく詰問された。

ニホンザルの大多数の群れでは雌（白）は出生群の母親の近くで一生を過ごし，雄（黒）は成熟前後に群れを離れ，よりよい資源（食物と雌）を求めてあちこちを歩き回り，やがてどこかの群れに入り込む。数年後にはそこからも離れ，独立生活の後にまた別の群れに入る（© 細密画工房）

チンパンジーの雄分散は特殊か

現生動物で人間に最も近いとされるチンパンジー（*Pan troglodytes*）は雌分散雄残存の社会だといわれてきた。前述のように生涯を通じてハンディキャップをもち続ける雌がなぜ分散するのか。敵対する隣接群に対抗するため雄同士が排除し合わずに連帯して残留するので、近親交配を避けてやむをえず雌が分散するのだといわれているが、雌のチンパンジーは近親交配を避けようと考えてさまざまな不利益のある群間移籍をあえてしているのか。移籍するまでの単独行動は肉食獣に襲われるおそれがあり危険だ。雌はよその群れに入ればそこの個体と新しい関係を結ぶという面倒くさいことをしなければならないし、自分の子が新しく加入した群れの雄に殺される危険がいっぱいだ。実際に加入した群れの雄に子供を殺された例がいくつも報告されている。それなのになぜ。誰もが納得する説明はまだない。

そんな中で、私の調査していたフィールドで、「いや雄も分散する」という結果を出したところ、「あれは特殊だ」とか、「何かの間違いだ」と否定的なコメントを受けた。そして長い年月チンパンジーは雌分散だと信じられてきた。しかしアフリカの各地で調査が進むと雄の分散も相当数見つかるようになった。結局のところ両性分散があるようだ。ただ、現在でも雌の分散がずっと多いことは変わっていない。そして分散した雄がよその群れに加入した例の報告はまだない。

なぜなのか、いまだによくはわかっていない。要は、環境条件によって異なるということのようだ。環境条件といっても自然環境だけではなく社会環境もある。たとえば、敵対する隣接群がいない地域における群れの一番強い雄は、繁殖活動には競争相手である群内の他の雄たちと連帯する必要がないので彼らを排除するという可能性である。独り占めしている雌のうちのいくらかが別の雄にとられてしまうおそれが多分にあるからだ。一番強い雄以外は出て行ってしまう、または彼によって追い出されてしまう。追い出すなら、まだ十分力のついていない若いうちの方が反撃されないから効果的だ。言いかえれば、チンパンジーの多くの集団で雄同士が連帯して生まれた群れに残留するというのは、敵対する隣接集団に対して防衛力を強化しなければならない場合における一番雄のやむをえざる方策だったのだ。雌たちを隣接群に強奪されないための態勢を強化しなければならないため、多少の雌の分け前を与えても、隣接群の雄たちに屈服させられるよりは自群の雄たちと力を合わせて戦える仲間の雄がいた方が利益は大きいからだ。あたかも雄同士が仲良く連帯しているように見えるが、本当は排除したい気持を抑えて緊張の中で共同しているのだった。

まだ完全にわかったわけではない。しかしこれだけはいえるだろう。異常とか例外とか特殊だとかいって済ませるのではなく、これらこそ全体を包括する原理を見つける絶好の機会だということを。そして異常や例外や特殊な現象を見つけたことは、自然を理解する道への門戸を大きくこじ開けるきっかけになることを知るべきだ。起死回生。大きな発見かもしれないのだ。

例外現象がなぜ起こるのか

例外を見つけたらその原因を丹念に追究しなければならないことは当然だ。たとえ例外でも生物なら生物の根本原理から逸脱してはいないはずである。たとえ奇妙な動き方をしても物体の動きが物理現象の大法則から逸脱しないのと同じだ。だとすると奇妙な動きをする例外も含めた、これまで私たちの誰も知らなかった包括的な原理がどこかにあるはずだ。例外の発見こそ、全体を動かすより大きな原理を見つけだす良い機会なのだ。

なお、雄分散雌残存の社会構造をもつニホンザルの雌が群れを離脱するのは、群れと一緒にいる利益がなくなったとき、たとえば餌づけが中断されてばらばらでいた方が採食効率の下降をいくらかでも防げるようなとき、しばしば雌が単独または母子家族単位で群れを離脱することが今では多くの例からわかっている。

第５章　科学研究とは何をすることか

量的・非量的データ

科学研究には証拠となるデータの量的蓄積が必要だ。統計的にものをいえるまで資料を収集しなければならないということだ。ところであなたは、かの有名なチャールズ・ダーウィン（Charles R. Darwin）の『種の起源』を通読したことがあるだろうか。私は学生のころだったが、創元社刊の一九五二年版、内山賢次・石田周三 共訳の三巻に分かれた文庫本で読んだ。これでもかこれでもかと生物の進化を認めざるをえないような事実が延々と記述されていて辟易したものだ。私たちが今日やっているような量的・統計的データなど見た記憶がない。一八〇〇年代中ごろ、まだ量的データの蓄積による現象間の因果関係の証明などという自然科学の常道はなかったのかもしれない。また、生物進化の証明には多数のデータを蓄積するという方法は不向きだということもあるだろう。

しかしながら、ダーウィンのような「周辺をめぐる傍証の蓄積」もまた大方を納得させる方法であることは今日でも変わりない。最近、霊長類行動の研究では第一人者であるフランス・ドワールさん（Frans de Waal）は同情、共感、思いやり、気配りなどという、これまで人間特有の「心」の根幹をなすと考えられてきた性質や行動が人間以外の霊長類にも存在すること、つまり人類誕生以前からそれらの萌芽があったことを示した。このような行動や現象は量的データを蓄積するにはあまりにも観察例数が少ない。そこで、一例報告を多くの論文から集めてきて、やっぱりそうなのだと人を納得させるしか方法がないのである。これもまた科学の方法として捨ててはならないことだ。量的・統計的データばかりが科学の方法ではないことを知っておくのも大事なことだ。

一九八〇年代の後半だったが、サルの世界に「だますとかウソをつくとか欺く」という行動があるか否かが問題になった。まだ電子メールなどという便利な通信手段がなかった時代、リチャード・バーンさん（Richard W. Byrne）が世界中の同業者に手紙を書いて「だまし・欺き」の例をかき集めた。サルが他のサルをだますなんて自然環境の中でやたらにみられるものではない。それぞれの研究者は何百時間も、千時間以上も観察し続けても、そんな観察はごくまれだ。それでも何十もの例を集めて、確かにあることを証明した。思わず吹き出しそうな面白おかしい例がいくつも集まった。今なら電子メールで一週間のうちに多数の返答を集められるが、当時はすべて航空便が頼りだった。

用語の定義

野外研究では観察された行動にさまざまな名前がつけられる。公表した論文の中で現象や行動の名前にはっきりした定義をしておかないと他人が引用する場合に不都合が起こる。たとえば家畜学では長い間breeding（繁殖）とかbreeding season（繁殖季）という用語が使われてきた。哺乳類は交尾をして、雌は妊娠して、出産して、育児をする。それ全体が繁殖だ。breedingという場合、その全体をいっているのならよいが、一部をいっているのにこの用語が使われていると読者は混乱する。さらに breeding season というとそのどの部分をいうのか判然としない。交尾して妊娠する時期をいうのか、出産して育児を開始する時期をいうのかわからない。

breeding season は少なくとも mating season（交尾季）と birth season（出産季）に分けなければならないのだ。そこで、breeding season と書いた論文はせっかく貴重な研究結果を公表しながら引用することができない。論文は他人の論文に引用されることによって科学的知識蓄積の一石になる。breeding season は必要に応じてもっと細かく分けなければならないのだが、大型動物を対象とした発表には最近になっても改まっていないものが散見されるようだ。だから引用されないことによって論文の価値が下がってしまう。その段階で研究は知識の蓄積から外れてしまうのだ。

ただし鳥類の多くでは雄が巣づくり、雌を呼び込み、産卵、抱卵、育雛《いくすう》と一連の作業が続くので、これら全体を繁殖季とよぶのは合理的だろう。哺乳類では雌の発情、交尾から出産までに妊娠という外見的には一定の空白期があるので不適当なのだ。

採食などという単純な行動でさえ難しい。小枝を引張って枝先の実をつかみ、もぎ取って口に入れる。そして口の中でもぐもぐと咀嚼《そしゃく》し、それから呑み込む。小枝を引張るところから採食とするか、実をつかんだ瞬間からか、実を枝から引離したときか、口に入れたときからか、口を動かしている間中ずっと嚥《えん》下《げ》するところまでか。一日の活動時間中、採食に何％費やしたかを調べたデータにこのことを明記しておかないと、曖昧な結果になってしまう。

ニホンザルは初冬から真冬にかけて地上に落ちたクルミを見つけると五分もかけて殻をかみ砕き、

中の胚乳、つまり実の部分を食べる。五分もかけるに値するほど味も栄養価もあると考えるに十分だ。チンパンジーは硬い木の実を石の上に置き、もう一つの石をハンマーとして実をたたく。割れると中の胚乳をこそぎ落として食べる。殻を割るのは採食のための行動だが、採食そのものではない。地上をかき分けながら地面に落ちた木の実を探しつつ移動することは多くの地上性、半地上性の動物にとって欠くことのできない日課だ。採食活動の一部ではあっても採食行動そのものではない部分がたくさんある。「ニホンザルは一日の活動時間の三〇から三三%を採食に費やす」と書いた論文を散見するが、どこからどこまでを採食としているのかが不明なことが多い。それによって、結果は一〇%にもなれば五〇%にもなる。なんといったって動物は、日常行動の多くの部分を採食に関係した行動に費やしているからだ。休息時間の大部分は、消化器官で食物の消化が進むのを待っている時間なのだ。

もう一つ。混血という言葉がある。千葉県の房総半島で、かつて動物園から逃げ出したのか誰かが放逐したのか中国からインドにかけて生息するアカゲザル（*Macaca mulatta*）が繁殖し、現在でも拡散を続けている。野生ニホンザルとの間に二代目、三代目ができ、もはやこの外来種の排除が不可能な段階にまで至っている。和歌山県でも動物園から放逐されたのかタイワンザル（*Macaca cyclopis*）が増えていた。この場合も野生ニホンザルとの間の二代目、三代目ができていた。後者は幸いにして県と専門家の努力で二〇〇〇年代に入ってほぼ排除されたが、タイワンザルの遺伝子が完全に排除されたかどうかは不明だ。このような二代目、三代目を混血個体とよぶ。もし種間にできた子を混血とよぶなら明瞭だ。しかし集団遺伝学では繁殖可能な子供をつくれるなら同種であると定義されている。つまり、集団遺伝学ではニホンザル、アカゲザル、タイワンザルは同種なのだ。だから同種内の別個体群ということになる。では、種内の別個体群間にできた個体を混血とよぶか。便利な用語だし、実害があったという話はあまり聞かないが、曖昧な用語である。

ボスの話

話を元に戻そう。ニホンザルの群れにいる一番強い雄がボスとよばれてきたことは誰でも知っている。一九五〇年代半ば、この種の研究が始まったばかりのころ、こう名づけられた。ボスではヤクザの親分みたいだということで、その後リーダーと言い替えられた。しかしどういう個体がリーダーかという定義もなしに使われ、これはリーダーだとか、いや、まだサブリーダーだとか、そろそろあいつも貫禄がついてきたからリーダーとよんでやろうか、などと恣意的に決められるありさまだった。このために、せっかく世界の人間学に革命をもたらしたニホンザルの研究だったが、少なくとも先駆者たちは科学の領域から落ちこぼれてしまった。

残念ながらいまだにどんな行動をすればリーダーとよべるか決め手がない。実際、何人もの研究者がリーダー特有の行動を探しだそうと苦心したが、結局、曖昧模糊としたままで終わった。そこで、この分野の研究者たちはリーダーなどという呼称をやめようと考えた。一番強い雄はただ一番だというだけの、社会的価値判断を抜いたアルファ雄とよぶようになった次第である。上野動物園でも高崎山自然動物園（大分県）でもそうよぶようになった。アルファとは、ギリシャ語のアルファベットの最初の一字であることはご存知のとおりだ。しかし、なにもギリシャ語まで引張り出さなくても「一番雄」で十分なのではないか、と私は思っている。いや、それよりもボスの方がよいかもしれない。命名当時はボスといえばヤクザの親分しか思いつかなかったが、そもそもボスとは単なる上司だ。部下思いのボスもいれば部下にはえばってばかりで上のご機嫌取りに終始する上司もいる。身を挺して集団を守る本当に有能なボスもいれば、部下の成績を自分の成績にすり替える不埒《ふらち》な上司もいる。俺が最後の責任を負うから思い切ってやってみろ、というボスもいる。

ニホンザルの研究ではもう一つ、順位制という言葉も使われた。餌づけされたサルの間に餌を放ると必ず一方が取り、もう一方は素知らぬ顔をしてそっぽを向くか、そっと立ち去る。何度試みても同じ結果が出る。サルたちは互いに相手との力関係を知っているようだ。ここまではよしとしよう。しかし、だからこれが個体間に衝突を避ける平和的共存機構なのだとまでいわれた。人間が勝手に仕組んだ緊張をつくり出す餌づけという特殊状況でもだ。でも、これでもって「制度」といえるのかという疑問が出されて、そのうち誰も使わなくなった。しかし英語では今でもdominance hierarchy（優劣階層制）と書いた論文がたくさんある。しかしこれも、dominance relationship（優劣関係性）、ぐらいにしておいた方が無難だろう。用語の選択はなかなかもってややこしいものだ。

曖昧な用語の使用は日常的に見聞する現象を記載することが多い野外研究の特徴だ。あえてそうした用語を面白おかしく使用される傾向もある。しかし現象に即した、人間社会の意味合いを消したニュートラルな命名が望ましいのだ。無味乾燥な言葉だと批判されることもあるが、研究成果を公表するにあたって留意しなければならないことである。

野外実験

ところでハヌマンラングールで私が試みた雄を取除くような実験は、やたらには起こらない自然界の現象の確認としてきわめて適切な結果を得たが、今ではさまざまな制約があって実行が難しい。しかし大型動物に対する実験は適切に行われるなら念頭においておくとよい。

私が調査を始めるよりもずっと前にギニアのボッソウでアムステルダム大学のコルトラントさん（Adriaan Kortlandt）が興味深い実験をした。彼はチンパンジーがしばしばやってくる森の中の開けた場所に台車つきの剝製のヒョウを持ち込んだ。カムフラージュしたブラインドの陰からひもで操作するとヒョウが前に飛び出したり引っ込んだりする装置がついている。約二十頭のチンパンジーがやってきたところでいきなりヒョウが飛び出した。チンパンジーは金切声をあげて木の上に逃げあがり、少し落ち着いてからヒョウを観察し、激しく威嚇し始めた。そのうち、どうもヒョウの様子がおかしいと気づき始めたようだ。そろそろと木を下りてヒョウに近づき、落ちていた枯れ枝を拾ってヒョウに思い切りたたきつけた。そして、これを何度も繰返した。人為的にセットされた状況だが、野生のチンパンジーが威嚇と攻撃に棒を使うという道具使用の最初の発見だった。また、生きている危険極まりないヒョウとは違うことを彼らは認識できるということもわかった。一九六〇年代後半のことである。今ならもっと巧妙な機械仕掛けの本物っぽい実験が可能だろう。

最もポピュラーな野外実験はプレイバックだ。あらかじめ録音しておいたいろんな状況のサルの音声を、サルに気づかれないように録音機をセットして藪の下に置き手元のスイッチをオンにして聞かせる。予想どおりの反応がサルにあれば、聞かせた音声の意味がわかっているという証拠になる。

実は動物に対する餌づけも環境の部分的改変という野外実験だ。これによって動物の観察が容易になることは既述のとおりだ。餌の与え方によって動物間の関係を調べたり、その行動を分析したり、さまざまなことを調べることができる。ただ、餌づけによって動物の行動や関係、環境が変わることを理解しておかないと、これが自然そのままだと勘違いするおそれがある。初期のニホンザル研究がもたらした成果であると同時に混乱の原因でもあった。動物を理解するためにどちらを知ることも重要な役割をもつのだが、両者は「違う部分もある」ことを知っておくことが大切だ。動物園の囲いの中や実験室の檻の中も同様なのは誰にもわかることだ。

最近まで欧米人の論文には環境記載の項目には熱帯多雨林などと書いてあるだけで、餌づけの事実を無視した論文が多かった。日本の地獄谷野猿《やえん》公苑では意図的集中的餌づけをしているので誰の目にも明らかだ。人前で温泉に入るサルさえいる。一方、東南アジアからパキスタンにかけてのサルの多くは地元の人や観光客が随所で好き勝手に大量の餌を与えている。これらは繁殖効率にも、個体間関係にも、移動様式にも、もしかすると群れサイズや行動域の大きさにも多大な影響を与えていることを知らなければならない。

観察した現象が推測したとおりの内容だったのかどうか、実験は重要な意味をもつ。実験室のような厳密な条件設定はできないが、自然環境のなかでも適切なところで適切な実験を考えてみるとよい。

動物の「能力」を測る研究は、その多くが初めに実験室で行われ、のちに自然界にも存在することが証明された。たとえば箱を積み重ねて棒を持ってその上に乗り、棒を差出して天井から吊るされたバナナをたたき落とす。一九二〇年代初頭に行われた有名なケーラー（Wolfgang Köhler）の飼育チンパンジーでの実験だ。一九七七年に私が野生チンパンジーでもみられることを証明した。ケーラーの実験はあらかじめ用意され、足元に置かれた道具を使いこなす能力を示したが、私の観察はほとんど無限にある自然の環境のなかから必要な材料を探しだし、ある程度の加工を施し、現場に運び込んで使うものだった。

これとは逆に、野外で見つけた現象を実験室で試してみる方法もある。さらにその行動の分析も条件を統制しながら実験室で行うことが可能だ。野生動物では断片的にしか見られなかったものを、その過程やメカニズムにまで及んで明らかにすることは、野外の観察と実験室での研究の癒合だ。動物行動の解明は野外研究と実験室内の研究が互いに補強し合って、初めて明らかになる。

第6章　新しいアイディアと情熱・執念・努力

失敗は成功のもとか

「失敗は成功のもと」という言葉があるのは誰でも知っている。しかしこれは失敗した人を慰める言葉であって、失敗がそのまま成功につながるわけではない。失敗の原因を探し、次は失敗しないように気をつけることはもちろんだが、案外、これが新しい方法の開発や発見につながるかもしれない。しかし失敗が致命的な失敗だったかもしれない。慰められるだけで安心するのは禁物だ。

良いことは決して向こうから勝手にやってくるわけではない。上記のハヌマンラングールの子殺しの発見を私はサルの社会構造の問題として解釈した。その解釈は今日でも正しいのだが、さらに大きな視野でみると、この現象はそれまでアリやハチのような社会性昆虫でのみ適用されていた血縁選択説または包括適応度(注)の仮説を全生物に広げるきっかけになったのだ。そしてそこから発進した社会生物学が生物学全体を変えた。つまり、社会性昆虫に限らずすべての生物は自分の血縁者を優遇し、

(注)　**血縁選択**(淘汰)**説**：ある性質・形質が進化するのは当該個体の子ばかりでなく当該個体の遺伝子を共有する甥・姪なども相応の寄与をする、つまり血縁者の生存を支援することで自分の適応度が上がるという考え方。
包括適応度：右の考えに基づいて個体の適応度を包括的に測る考え方。

サラ・フルディさん　米国ハーバード大学出身の秀才だが，よき指導者を得たことが彼女を成功に導いた

自分のもっている遺伝子をより多く残そうとしている。パラダイムの転換になったのである。

残念ながら子殺し現象を生物学におけるパラダイムの転換に導いたのは、第一発見者・報告者の私ではなく米国ハーバード大学の若い女子学生のフルディさん（Sarah Blaffer Hrdy：写真）だった。血縁選択説は欧米ではすでに大きな議論の渦中にあったが、私にはそんな議論に加わる機会はなかった。日本にはまだその素地はなかったのである。いわんや、日本の霊長類研究グループにおいてをや。

浪人生活は必要か

少し話題を変えよう。ある著名な社会評論家が次のようなエッセイを書いているのを読んだ。「私は東大受験に失敗して、浪人生活中に哲学書をむさぼり読んだ。これが自分の後の人生に大いに役立った」あたかも人生に浪人期間が有効であるかのような書きっぷりだ。必死になって受験勉強に励むはずの時間に哲学書を読むというのは、それはそれですごいと思うが、その意見はちょっと違うんじゃないかと私は思った。もしくは大事なことを抜かしている。つまり、彼は浪人期間中にしたことを無駄にせず後の人生に有効に活用したのであって、誰にでも当てはまることではない。そう、「失敗は成功のもと」と人は言うが、失敗を生かそうという心構えと意欲と努力がなければ失敗はあくまでも失敗だ。それ以上ではない。失敗から学ぶ気持と覚悟と努力が大事なのであり、失敗も財産にする気がなければ何にもならない。失敗はただの失敗で終わるだろう。

情熱・執念・努力

自然科学の研究はまず問題を設定して、その問題を解くにはどんな実験をしたらよいか、どんなデータを集めたらよいかを考え、そのために必要な装置を作って実行に移す。すでに述べたとおりだ。頭の中ではすでにおおよその答は出ていても、統計検定に耐えるだけのデータを集めるためにしこしことデータ収集を続けなければならない。情熱と執念と努力が必要な由縁だ。我慢強さも必要だ。実験をしていると楽しい、フィールドで作業しているのが好きだ。これがまず基本である。実験の場合はきちっと決められた条件の下で進められるので、結果が出ればあとは型通りの論文を書くだけだ。しかし野外研究の場合はそう簡単ではない。条件が複雑に絡み合っているため記録したデータをどのように組合わせて一つのシナリオをつくってゆくかが問題だからだ。この段階に一番頭をひねり、一番時間をとり、悩みまくる。科学者としての構想力、まとめの力が問われるのだ。ここで挫折したらおしまいだ。執念をもって事にあたろう。

新しいアイディアはどこから

ある日ニュートンが昼寝をしていたら、風もないのにリンゴがぽとんと落ちたのを見て万有引力の存在が頭の中にひらめいたという。有名な話だ。あんな話は後世の人が創作したうそっぱちだともいわれている。もし本当だとしたら、彼は「なぜ物体は上から下に向かって落ちるのか」と日夜考えていたのだろう。こんな当たり前すぎる現象に「なぜ？」と思う。ひらめきはその結果にすぎない。

福井謙一さんがノーベル賞を受賞した記者会見で、「いつも枕元にメモ用紙を置いておき、ふと思いついて書きとっておいたのが朝見ると新しいアイディアだった」と言っていた。これはすばらしい習慣だと思い、私も寝る前に枕元にメモ用紙と鉛筆を置いて寝ることにした。しかし、毎朝枕元には真っ白なメモ用紙があるだけだった。寝ぼけ眼でぼんやりした脳みそが新しいアイディアなど編みだすはずがない。福井さんのメモもうそっぽい。彼は日夜問題の周辺を考えながらどうしても核心がつかめないでいたところ、夜寝る間際にふとそこに到達したのだろう。決して突然のひらめきなんかではない。どちらの場合も突然、斬新なアイディアが浮かんだわけではない。考えに考えた末の最後に、場違いの瞬間にひょいと表に顔を出したにすぎない。

では、我々凡人は新しいアイディアを生みだすにはどうしたらよいのだろうか。月並みないい方だが、ひたすら勉強するしかないだろう。遠隔分野の先人の論文を読んでいると、「あ、この方法は自分のところでも使えるんじゃないか」とか、「この考え方で自分のデータを処理してみたらどんな結論が導きだせるだろう」とか、あちこちに小さなアイディアは転がっている。実際に形を成すところまでいくのにひと工夫もふた工夫も必要だが、よその分野ではごく普通に使われている考え方や方法が自分の分野では斬新だということもしばしばある。すでに紹介したように今日の霊長類学の発端になったニホンザルの研究は、意識してか無意識にか文化人類学の手法と考え方を動物に適用したものだった。もちろん高い壁はある。そもそものころ文化人類学など存在せず、民俗学における村落調査のようなものだったのだ。だが、壁をなんとか乗り越える努力が実を結べば、一歩先に進める。これこそが快哉《かいさい》を叫びたくなる瞬間だ。切磋琢磨こそが結果につながる唯一の道なのだ。

ほら、「心ここにあらざれば見れども見えず、聞く耳もたねば聞けども聞こえず」と言うではないか。関連分野やまったく違う分野の勉強をして知識を集積してこそ、見る目も聞く耳もできてくるのは古今東西変わりない。たとえ私が高性能の望遠鏡を握りしめて超新星を見つけても、その方面にとんと知識がないので新しい発見をしたなんてまったくわからない。ただただ見すごすだけだ。ハヌマンラングールの種内子殺しを私が最初に発見したことになっているが、何千年もの間に何万人もの人がそんな状況を見ていたはずだ。でも、だれ一人、そんな大事件が起こっていたと気がつかなかったのは見る目がなかったということにすぎない。野生の動物を標識もつけずに個体識別できるなんて、ニホンザルの研究を始めたほんの数人以外、世界中に誰もいなかっただけだ。そしてそれを丹念に詳細に継続的に執念深く記録しようなどと、そんな役にも立たないことを本気になってやろうとは誰も思わなかっただけだ。ヨーロッパの博物学者は自然を詳細に観察していたはずだが、それでも私のしたことは想定外、ありえないことだったのだ。

村落調査の方法を動物の世界に適用したニホンザルの研究は、欧米の科学者にとってはまさに天地をひっくり返すほどの斬新さだったのだ。接近観察とか個体識別を実現するためには、それなりの壁を突破する必要があったが、餌づけという方法が壁の突破に絶大な力を発揮した。

第７章　プレゼンテーションは就職活動

プレゼンテーションとは、聴衆のいるところで、もしくは読者のいるところで、自分の研究成果を披露することである。企業などでも社員が自分の企画を通すため上役たちの前で盛んに行っている。私たちの世界でいえば、自分の研究の計画、経過、結果などを口頭か文書で発表することだ。つまり、自分自身を、自分の考え方を、そしてその結果を人目にさらすことだ。ここでは主として口頭発表について書こう。些細なことだが、目に余るほど下手で不注意なプレゼンテーションが多いからこそ注意喚起が必要だ。論文で成果を発表することももちろんだが、口頭によるプレゼンテーションは就職活動そのものであることを意識しておこう。ここでは主として研究室のゼミや学会・研究会での講演・発表を頭に浮かべながら読んでほしい。プレゼンテーション力はコミュニケーション力でもある。

レビュー

研究室のゼミなどでは自分の研究発表ばかりでなく、多くの論文を読んでそのまとめと自分の見解を発表する「レビュー」というカテゴリーもある。大学院生たちはこの面倒くさい作業を嫌がるが、これもまたプレゼンテーションだ。先行研究者の論文を読むということは、彼らが何を考え、何を目指してこの研究を進めているかを知る機会なのだ。そんなことは原著論文、つまり新しい結果を出した論文にはあまり書かれていないことが多い。著者の研究への「思い」は原著論文には書かれない。紙背に徹する眼が必要なのだ。そのためには論文全体を丁寧に読む必要がある。

あまりに忙しいせいか最近はそれをしなくなった。結果と結論だけ読んで、それを引張ってきて引用する傾向がある。先行研究から学ぶのは決して結果と結論だけではない。研究に対する姿勢と目指すものを探ることなのを軽視してはならない。そしてそんなことは直接論文には書かれていない。レビュー発表を見聞きすると、この人がどれだけ広い視野をもって自分の研究に臨んでいるかがおよそ見当がつくというものだ。そう、発表者は「見当をつけられている」のだ。

著書には著者の研究人生全体が詰まっていることが多い。人生観や世界観からその人の哲学まで詰まっている。長所も短所も丸裸になって人目にさらけ出すことに他ならない。心して全体をしっかり読もう。これだって就職活動に影響することだと心にとどめておいてほしい。求人元はただちに研究チームの一員として活躍できる人材を、また明日からでも教育に携われる人材を求めているからだ。

アピール

発表は自分の研究の重要性、意義を示すチャンスだ。だから具体的、的確、簡潔に示す必要がある。いろんな人の発表を見ていると、滔々《とうとう》と述べてはいるのだが、なんでそんな研究をしているの、何が最終的な目的なの、と質問したくなるような発表にしばしば出会う。科学論文は「摘要または要約(abstract)」、「導入または はじめに (introduction)」、「材料と方法 (materials and methods)」、「結果（results）」、「考察または議論（discussion）」、最後に「結論（conclusion）」というとても合理的な記述順番があることをご存知だろう。実際にはこれらの後に研究を遂行するうえでお世話になった人たちへの「謝辞（acknowledgements）」と引用した「文献（references）」がつく。このような項目分割は自然科学では定番になっている。最近はできるだけ論文を短くするために結論の項目を省略することが多いが、当然考察の中に含まれなければならない。口頭発表だって（摘要は省略するが）基本的には同じだ。研究室内のゼミで同じ演題をたびたび発表しているときは初めの方を省略することもあるが、基本的には同じことだ。

「表題（title）」だって中身を簡潔に表す、中身がわかるものでなければならない。ひところ、面白おかしい表題がはやったことがある。興味をひくことは確かだが、表題を見ただけでは何の話かさっぱりわからない。やはり表題は内容を的確に、一目瞭然に表すものであってほしい。そのうえで、できたら聴衆の興味をひくような表現で。過ぎてはいけないが、研究者にだってエンターテイメント性も少しは必要なのだ。研究内容さえ良ければそれでいいんだ、というような高をくった発表を目にするが、そうではない。相手に伝わるようなアピールをすることは就職活動の最重要項目だということを知っておいた方がよいだろう。内容を的確に、わかりやすく、簡潔に示すことは基本中の基本だということを忘れてはならない。

音声の基本

言語明瞭、みんなに聞こえるように大きな声で、ゆっくりとわかりやすく。口頭発表では当たり前のことだが、必ずしも理解されているとはいえないようだ。ぼそぼそとつぶやくような声でしゃべり続けている人や早口でまくし立てている人に接するとイライラしてくる。どんなに立派な研究を紹介していても聞いてほしくないのだろうかと疑いたくなる。そんなふうに思えてくるのだ。

そう思っているときに国政選挙があった。大抵の候補者は右の原則に正真正銘、忠実だ。そうだ。彼らは自分をアピールしなければならないことをちゃんと知っているのだ。たぶん政治塾のようなところで徹底的に訓練を積んでいるのだろう。アナウンサーもそうだ。彼らこそ話し方の訓練をみっちり受けている。

研究者の卵も大学院入学の最初の年の冒頭で発表技術の基本を学ぶべきだと思う。地声が小さいなどと逃げてはいけない。マイクを使えばよいだけのこと。大学生への就職対策講座みたいであまり楽しい話ではないが、研究者にとって口頭発表が欠かせない以上、これは絶対に必要なことだ。

理解可能な話を

聞いていてそのまま頭の中に入っていけるような簡潔で要領を得た話でなければならない。どんなに立派な研究でも難解な話しっぷりでは理解できる人は限られてくる。社会科学や人文科学の人にこのタイプが多い。日常では使うことがないような難解な用語を多用し、相手を煙に巻くことで満足しているような、自分が偉くなったように思っている人が、もしかすると簡潔にやさしく話そうとしている人よりも多いかもしれない。ときに辞書にさえ載っていないような言葉を使う人もいる。聴衆に理解してもらうことよりも自分がいかに高度で難しい研究をしているかのデモンストレーションをしているのだろう。聴衆や読者をバカにしているとしか言いようがない。人文科学が時代に取残されてゆく一つの原因だと思う。

証拠は動かせない

実験結果や観察結果に写真は重要な証拠として価値をもつ。読者や聴衆に理解を進めてもらう良い方法だ。ただし、目では確認できたのだが写真ではぼやけて明瞭に示せない場合がある。最近は修正技術が発達して、ほとんど修正の跡を残さずに見事な修復写真ができてしまうようだ。しかしこれは証拠の偽造であり、注意しなければならない。ではどうしたらよいか。写真に矢印を入れて欄外に説明を入れる方法がある。もう一つは、手書きの同じ図を並列させて、輪郭を鮮明にして示すことだ。ほら、ここに白い斑点が見えるでしょう。ここの葉っぱの陰にカメレオンが隠れているのが見えるでしょう。こうすれば証拠としての価値を失わずに不鮮明な写真でも生きてくる。決して証拠そのものを改変してはいけない。たとえ他の部分が正しくとも研究結果の価値を一気に奈落の底に突き落としてしまう。

完成した図表を示す

たとえ口頭発表でも図表には必ず表題を入れなければならない。グラフには横軸にも縦軸にも数値と単位を入れる。図の中の実線が何を示し、点線が何を表しているかは凡例で知らせる。当たり前のことだ。しかし、実際にはこの原則を守っていない発表をしばしば見かける。「口で言います」では、スライドを見ながら考えている聴衆には通用しないことがある。口で言ったことはすぐに消えてしまい、聞き手の頭に残らないことがあるからだ。簡単なことだが、ずぼらは許されない。

ついでに付け加えるなら、図中の単位や数値も読めるだけの大きさにすること。論文では少々小さな文字でも必要な部分は読んでもらえるが、論文に書いた図と全く同じでは広い会場の後ろの方では、いや前の方の席でも字や数値が読めないこともしばしばあるからだ。むしろその方が多い。呑み込めないうちにスライドは次に移り、話だけ先に進んでゆく。もう、聞くのが嫌になっちゃう。

文字の大きさと色

大きな画面の中央に、表題はむやみに大きいが、本文はまるで読めない小さな字でコチョコチョッと書いてあるスライドにしばしば出会う。これまた読んでほしくないみたいだ。たぶん全体として

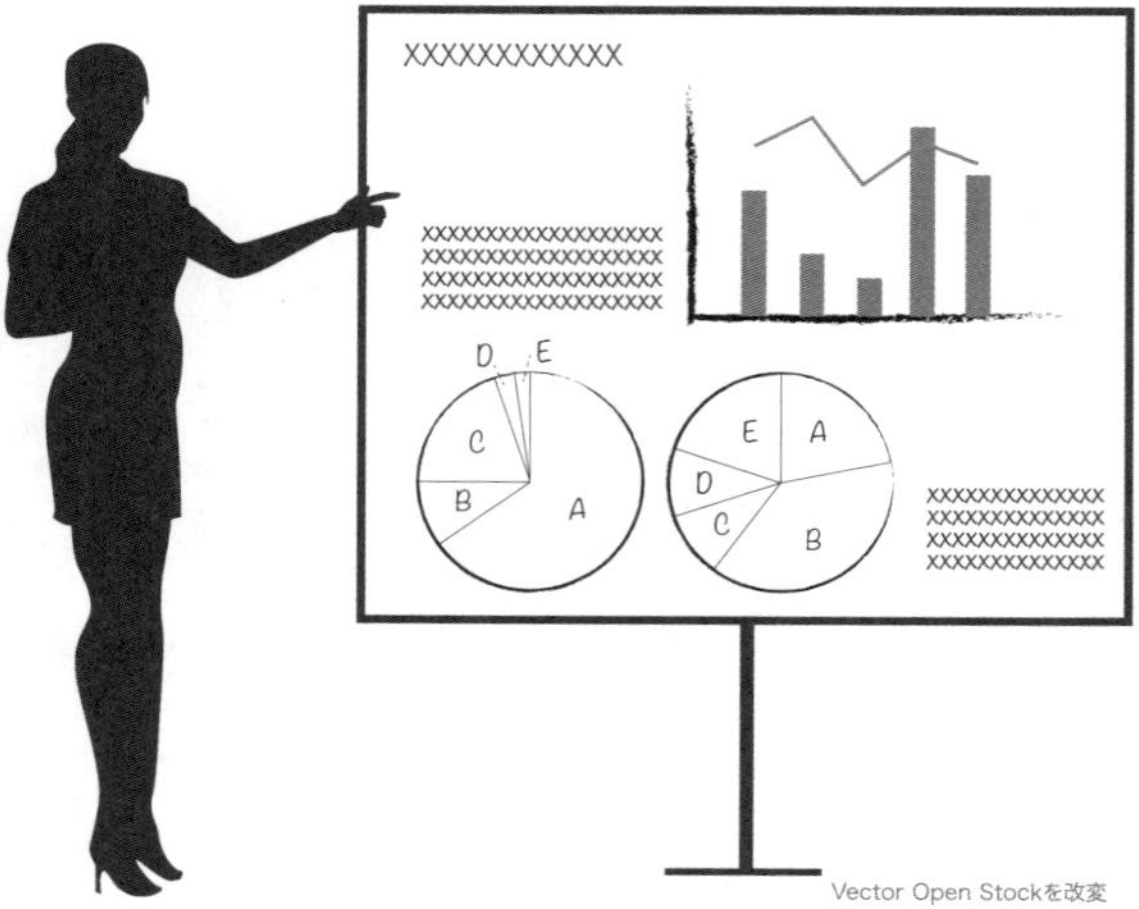

Vector Open Stockを改変

表題がない，単位も数値もない。こんなスライドは失格だ

見た画面の美的効果を狙っているのだろうが、余計なお世話だ。読んでもらうためには文字の大きさは二〇ポイント以上で書いてほしい。発表前に試写してみて、一〇メートル以上離れて自分で読んでみなさい。すらすらと読める大きさの字になっているか。どうしても一つの画面に入りきらなかったら、二つに分けるなどの工夫をすればよい。初めに全体を示す大きな図表を出して、必要な部分だけ拡大して示す方法もある。たったそれだけのこと。パワーポイント（PowerPoint®）ならスライド枚数が増えてもお金がかかるわけではない。

パソコン操作が上手だからだろう。最近の若者たちのスライドは大変きれいになり、遠目には美しくさえなったが、滑らかに読んでもらえる画面になっていないことが多い。大事な注意点だ。たとえば美的効果を考えているのか黒地に白や黄で文字を書いたスライドを使われると、読みにくくなる。文字が小さければなおさらだ。色地を使うのは特に注目してほしいところだけに限る。その場合の字の色や太さ、書体は十分注意して選ぶこと。自分でもいろいろ試してみたが、最終的に最もオーソドックスな白地に黒字が一番見やすかった。強調したいところはアンダーラインでも引くかゴシック体にする。

スライド交換は一分以上たってから

スライドは聴衆がしっかり読んで理解できるだけの十分な時間、提示しておこう。絵や写真だけならまだしも、文章までも三十秒も経たないうちに次のスライドに移られてしまっては読み切れないことがある。それじゃあ何のために提示したのかわからない。すべての点でスライドは自分の都合や美的効果などではなく、視聴者が最も見やすいように作り、提示しなければいけない。

ついでに言っておくが、その場で原稿は読まない。原稿を読んでいるとどうしても単調になるからだ。スライドに向かって指し示すとき以外は会場を見回しながら、聴衆の目を見て、その反応を確かめながら話してほしい。つまらなければ居眠りするし、面白ければ神経を集中して聞き耳を立てる。そうした聴衆の反応を見ながら、その場に応じて話し方に微修正を加えていくのがよい。時間があればの話だが、ときには冗談や余談も入れるのが必要かもしれない。原稿を読まなければつい うっかり言い忘れてしまう、という弁解は禁物だ。必要なことはスライドに書き込んでおけばいいだけだ。もう皆がうんざりしていると感じたら早めに切上げることも賢い方法だ。それなのに延々と話し続ける人がいる。こういうのを若い人たちは「空気の読めない人」って言うんでしょ。

ポインター

私が助手のころまでは講演でスライドの一点を示すのには、二メートル前後の長い棒の先で必要な箇所を示していた。一九七〇年代中ごろか一九八〇年代に入るころからか、ポインターと称する便利なペン状の、赤外線やレーザー光を使った指示棒が使用されるようになり、五百人も入る大会場の大スクリーンでもスライドの特定の箇所を離れた演壇から示せるようになった。大変便利なのだが、使い方によっては危険でもある。演者が話をしながらついうっかりとスイッチ・オンのままポインターの先端を聴衆の方へ向けたら、聴衆はみんな演者の方を向いているから光の先端が目に入ってしまう。目がくらみそうになる。晴れた日に太陽を直視するのに近い。当然目に悪い。また、スライドを示すのに手元の角度をほんの一度ほど動かすだけで画面上の光は大きく動いたり大きな円を描いたりする。本当はどこを指そうとしているか聴衆にわからなくなる。聴衆泣かせだということを熟知してほしい。子供が遊んでいて網膜を損傷した事故があった。強力なポインターだと地上から飛行機に向けてかざすだけでパイロットの目を射り、重大な事故を引起こす可能性さえあるという。ポインターは文字どおり画面上の一点を示すためだけにあるのだ。

小さな会場なら、私は棒がある限り棒を使うことにしている。演者の手元から棒とその影が伸びているのでどこを指しているかが一目瞭然だ。ポインターよりずっと有効だ。

ボディー・ランゲージ

若い初心者なら演壇上で直立不動の姿勢でしゃべるのも好感がもてて悪くない。少し慣れてきたらほんの少し、特に強調したいところで手を振り上げたり指を使ったりするのもよいだろう。ただし、のべつまくなし手や腕を振り回しているのは考えものだ。必要なところだけで最も効果的に手を使うのが一番だ。聴衆は釣り込まれて演者の言葉に集中するからだ。口でしゃべりながら重要なところだけボデー・ランゲージを駆使する。演技として大いに役立つ。欧米人はこれが多すぎ、のべつまくなしに手を振り回している。それに対して日本人は概してボディー・ランゲージが少なすぎるようだ。

質疑応答

そして最後に質問時間になる。質問やコメントはあくまでも簡潔に、演者が答えやすいように要領よくすること。概して欧米人には長々と自分の博識ぶりをひけらかして、最後にちょろっと質問を付け加える人が多い。ただでさえ不慣れな英語をこっちは一言一句聞き漏らすまいと緊張しているのに、質問者に対して腹立たしくなる。英語の苦手な私は「結局あなたはこういうことを質問しているのですね」と聞き返すのを常としてきた。応答も同様だ。私の場合、英語での質問は必然的に簡潔になるが、欧米人の応答は質問の十倍もの時間を費やして持論を滔々《とうとう》と述べることが多い。彼ら同士の間でもそのようだ。そもそもゼミなら時間制限の緩いことが多いが、学会などでは講演時間の二割ぐらいの時間しかないはずだ。時間超過もいい加減にしてほしい。論文と同じくあくまでも簡潔に、要領よく、単刀直入に、そして言語明瞭を心がけたい。

英語で発表

私にはあまりうれしくないことなのだが、現在では論文はもとより学会講演でも英語での発表が普通になっている。ドイツ人でもフランス人でもイタリア人でも、自国語での発表は外国の科学者にはほとんど聞いても読んでももらえないので、やむをえず英語で発表することが多くなった。日本の国内学会でさえ最近は半分近くが英語だ。中高生のころから外国人とのコミュニケーションに慣れている大学院生たちは平気なようだが、大学院も博士課程になってから初めて、それもときどき、外国人とほんの少しだけ話をする機会があるようになった戦中・敗戦直後育ちの私には、これは苦痛以外の何物でもない。私は今でも古巣の研究室のゼミに毎週参加し、最近まで自分の研究結果を発表もしてきたが、ここでは日常的に英語で発表も討論も行われている。でも、深く考えなければならない部分、つまり「考察」をするのは大部分日本語だ。日本語で考えてから英語にする。難儀なことだが、これがグローバルとやらいう時代になった以上、避けて通るわけにはいかないのだろう。でも、言語は思考の根本にある。そして思考様式は文化の根源だ。「考察」まで英語で考えられるようになることが望ましいのか、私にはわからなくなる。

現代の霊長類学を生みだしたニホンザルの研究は、決して欧米の文化からは生みだせなかった。サルを見てヒトを考える研究は自然と人間の間に境目のない日本の文化が生みだしたのだ。こうしてみると、ものの考え方まで英語化するのが望ましいのか、私は判断に苦しむ。英語は上手になりたいが、あくまでも日本文化の継承者であることを忘れたくない。

グローバル

世の中すべてがグローバルに流れているのならしょうがないが、でも文化も思考様式もローカルなものだということを忘れないように。脳みそまで含めて全面的にグローバルに勝負しようというのならそれもいいだろう。でも、他人にはない自分独自の発想を大切にしたいと考えるなら、ローカルな部分も残しておいたほうがいいように思う。

もう十年も前になるが、グローバル化を目指した文部科学省は国際研究部門の設置を奨励した。私がかつて所属していた機関にも国際高等研究部門なるものができ、外国人大学院生が続々と入ってくるようになった。研究指導は英語だけで進められる。こうして日本語をまったく知らずに五年間を過ごし、博士学位を取得して帰国してゆくことが普通になった。日本の国費で招いた外国の若者が日本語をまったく知ろうとしないまま、日本で五年以上を過ごし学位を与えて帰国させていいものだろうか。私にはよくわからない。利点といえば、日本人大学院生が外国人研究者の友人をつくり、国際学会でのコミュニケーションの不自由さを減らすことだろうか。若手研究者はこの利点をこそ最大限に利用しなければならないだろう。

私の年代の研究者にとっては、長年月の欧米在住者は別として、英語で母国語並みに使い考えることは容易でない。原著論文はまだしも、総説を書くには膨大な量の文献を読みこなしてそれらを統合しながら自分の主張を提示しなければならない。主張したいことは明瞭にあるのに、文献引用が十分でないという理由で却下されると悔しい思いでいっぱいになる。欧米研究者と対等に渡り合うには何十倍もの努力が必要になる。それでもやらなきゃならないのだ。

教育への関与

ときどき大学院生にも非常勤講師の口がかかることがある。指導教員の代役ってことが多い。なるべくなら研究時間が減るからと断らないで受けた方がいい。自分が直接関係している狭い範囲だけでなく、広い範囲の勉強をするいい機会だ。それに、近頃のぐうたら学生にどうやったらわかってもらえるか、プレゼンテーション技術を磨く実験台にもなる。ぼそぼそ話していたら学生は眠ってしまうか私語でうるさくなること請合いだ。学生の関心を引くいい機会だと思って大いに利用しよう。聞き手の関心をどうやってひきつけるかはプレゼンテーションの重要事項だ。おまけに教育経験のあることは就職に有利だ。多くの大学は即戦力を求めていることを頭の片隅に入れておいてもいいだろう。

挨　拶

余談だが、たいていの集会では権威のある人が演壇に立って挨拶をする時間がある。学生の集会だって公開講演会だって同じだ。誰も挨拶を聞きに来ているわけではないから「お飾り」にすぎない。それでも聴衆の気持をひきつけるアピールが必要だ。特に言いたいことがないのなら一、二分でさらっと済ませるのも一つの方法だ。しかし多くの場合、特に老人は長々としゃべりまくる。聴衆の多くはもう止めてほしいと思っている。しょっぱなから居眠りしている人もいる。その空気がつかめないから、誰も聞いていないのにますます頑張って話し続ける。

挨拶は通常三分から五分だ。この時間だったら一つのことしか話せない。だから今日の挨拶ではどこに焦点を絞るか、あらかじめ考えておくとよいだろう。挨拶もまたプレゼンテーションなのだという意識が必要なのはいうまでもない。今日の挨拶はよかったね、と言われるようにしよう。挨拶がしっかりできる人は研究発表だって焦点のばっちり決まった話ができる。逆もまた真なり。大学院生のうちからしっかり訓練しておいた方がいい。

第8章　論文作成

執筆から投稿まで

口頭発表の大事なことを縷々《るる》述べてきたが、でも口頭発表だけでは研究業績としてはまだゼロだ。あくまでも論文として完成させなければならない。実験研究では最初に仮説を立て、それを証明するためにはどんな手順の実験をするかをあらかじめ設定するのが常道だ。だから結果が出ればあとは予定どおりの論文を書く道は一本しかない。論文は形式にのっとって簡潔に書けば完成だ。

それに対して野外研究の場合はさまざまな条件のもとで観察データが収集されるので、データのばらつきが大きい。これをどうまとめるかがことのほか難しい。あらかじめ仮説を立ててデータを収集しても、思わぬ脇道にそれることが多い。必ずしも思いどおりの方向のデータが集まらないのだ。だからフィールドから帰ってからが勝負のしどころになる。この段階でへこたれてしまう人が存外多い。フィールドではあんなに生き生きしていたのに研究室に帰ってくると青菜に塩となり、毎日ぶらぶらしている。論文にまとめるにはどんな論理の柱を立てるか、最後の核心となる結論をどう設定するかに頭を悩ませる。肝心要のところである。

ではどこから書き始めるか。私が博士論文を書いたころは、日本語なら原稿用紙の升目を一つ一つ埋め、英文ならタイプライターでガンガン打っていくしかなかった。どちらも修正するには大変な手間がかかった。だから初めに全体の構想をしっかりと練り上げてから書き始めたものだ。おまけにコピー機の導入は始まったばかりだった。日本語の場合は半透明の原稿用紙に書いて、透写コピー方式で、初めは紫色だがしばらくすると消えてしまう代物だった。いわゆる青焼きだ。しかし今はワードプロセッサーという便利なものがあるから、修正も継ぎはぎも入替えも簡単だ。何部でもコピーできる。書けるところから始めるのがいいだろう。

通常はすでにまとまっている「材料と方法」や「結果」から書き始めるのが一番だ。書いているうちに構想に変化があるかもしれないから、「導入（はじめに）」は後からの方が書きやすい。書いているうちに予定にはなかったデータを追加する必要が出てくるかもしれない。これだけのことを書き上げると「考察（議論）」はおのずからまとまってくるように思えるが、簡単ではない。こっちを先に出そうとか、これは最後の締めくくりで、など、入替え、挿入、削除を繰返さなければならないが、すべてワープロなら自由自在だ。これらの筋書きに合うように文献を整えながら研究の目的も含めて「導入」が書き上げられる。当初は考えていなかった「目的」が修正されてもかまわない。要は、後に続く結果や考察に一致した目的をつくりあげることだ。「こう考えてデータ収集を始めたのだが」なんて書く必要は毛頭ない。要は「導入」から「考察」まで首尾一貫していることだ。なんと便利になったことか。

主要部分を書き終えて最後に書くのが論文の冒頭に来る「摘要」または「要約」だ。通常二〇〇字程度に制限されている。このなかに論文の内容を圧縮して収めなければならない。ときおり「〇〇について考察した」などという要約を見ることがあるが、これは絶対不可だ。考察の結果どんな結論に達したかこそ読者にとって最重要項目なのだ。最近はあまりに関連論文がたくさん公表出版されているので要約だけ読んで済まされることが多い。しばしば要約を読んでそのまま引用されたりする。だから大事なことはずばり要約に書いておく必要がある。これこそまさにエッセンスなのだ。

やっと論文を書き上げてからも何度か推敲し、同僚や先輩に見てもらってコメントをもらい、さらに指導教員のコメントと加筆、削除、修正を受ける。

投稿から受理まで

残念ながらこれで完成ではない。今はよほどローカルな内容でない限り論文は英語で発表しなければならない。自分ではしっかり書いたつもりでも最後には英語に堪能な人に見てもらわなければならない。それも書かれた論文の研究分野の専門家であることが必要だ。最近は英文校閲の業界ができているようだが、あまりあてにならない。英語としては通じるものになっても、筆者の表現したいことを的確に把握して直してくれる人が必要なのだ。だとすると米英豪などの同分野の知り合いに頼むしか道がない。同分野の知り合いとは、つまり友人でもあり競争相手でもある。相手も忙しい身だ。親切にこちらの意図をくんで、こちらの思うところを過不足なく直してくれる友人をたくさんつくっておくことが、だからとても大切なのだ。

修正に修正を重ねてやっとでき上がった完成稿を学術雑誌（academic journal）に投稿（submission）する。分野にもよるが二カ月も三カ月もして、忘れたころに複数の査読者（referee または reviewer）

から本文よりも多いほどのコメントがどさっとついて突き返されてくる。「ピア・レビュー（peer review）」といって査読者は匿名の同業者だ。つまり、大抵は競争相手である。親切な競争相手もいるが、むしろ足蹴りを食らわせるような嫌味な査読者も少なくない。それでもただちに「却下（reject）」されなければ幸いとすべきだろう。編集長の裁断によるが、二人の査読者がくそみそのコメントを書いても一人が持ち上げてくれれば、何とか切抜けることができる。一つ一つのコメントに丁寧に答え、本文を修正して再投稿する。

こんなやり取りを何度も繰返して、それでも最後に「受理（accept）」に至れば一件落着である。ここまで持続できなければ論文の公表に至らず、研究者として一歩前に進んだことにならない。査読者のコメントにいちいち腹を立てていては受理にまで到達できないと心してほしい。いや、腹を立てても落ち着くまで何日か待ち、それから改稿に取掛かればよい。慌てることはない、冷静に。

自分ではどんなにユニークな結果であり公表の価値があると思っても、どうしても査読者に受入れられないことがある。却下だ。でも、諦めてしまって論文が印刷公表されなければ無に帰する。自分の意図するところが相手に伝わらなかったのかもしれない。焦点を定めて書直し、再挑戦しよう。これまでの努力と投入したエネルギーをゼロにすることだけは避けるべきだ。執念が必要なのだ。

なお、こんなに苦労してまで掲載に至った学術雑誌で、原稿料が払われることはまずない。逆に掲載料を払わせられることさえある。もっと言えば、自然科学では研究の成果がそのままお金になることはまずない。なるとすれば、それは市販の雑誌に記事を載せたり一般読書人向けに単行本として出版したときだ。それらはオリジナルな研究成果の発表ではなく、大抵はそれらをやさしく解説した記事だ。例外はその研究成果でどこかの賞をもらったときぐらいだ。あとは応用科学に転化したときだ。

知的財産

最近、知財（知的財産）という言葉がしばしば話題になっている。財産というのは通常、お金またはお金に換えられる所有物をいう。最近話題になっている知的財産の多くはデザインやイメージなど、オリジナルか模倣かの判断が難しいものの所有権をめぐる例が多い。だからトラブルになりやすい。一度は採用が決まりながら取下げられた東京オリンピックのロゴマークがそれだ。科学的知識も商品開発などに使えればお金になるから当然知的財産だ。だからこれらは特許を取得してやたらに真似ができないように保護をする制度が世界中のどの国にもできている。他人が苦労して得た知識を使うためには使用権をお金で買う必要があることを示している。

ところで、自然科学の成果は当然知的財産なのだが、直接社会生活に役に立つことが少ないのでお金に換えられず、あまりこうしたトラブルになることは少ない。むしろ自然科学者は自分の出した成果を論文として公表し、もちろん無料で、どんどん利用してほしいと思っている。自然科学から得られた知識は人類全体の財産であって、お金に換えられるものではないという崇高で高邁な精神に基づいているからだ。利用されればされるほどその価値の高いことの証明になる。だから、かつてははがき一本で請求されれば喜んで、しかも郵送料著者持ちで論文別刷（reprint）を送ったものだ。

今はインターネットで請求されればどこの誰かもわからない人にでも、本当に使ってくれるかどうかもわからないまま論文全文を電波に乗せて送付するようになった。パソコンになど格納していなかった古い論文はいちいちスキャナーでパソコンに取込んでから送るという、私には手間ひまのかかるややこしい作業が必要だが、やむをえない。でも、一九六〇年代に公表した論文を読んでくれる人がいるなら送らざるをえない。もっとも最近は大きな大学ではたいていの論文は電子図書館に格納されているので、アカウントをもっていれば数分で必要な論文を引出せるようだ。逆に大大学に接続できない人にとっては不便この上ないシステムだともいえる。若い大学院生はこのシステムを駆使する一方、自分の研究に直接関係しない文献を図書館で漫然と見る機会が少なくなったようだ。本当はそれも大事なことなのだが。

研究の結果が意図せずに応用に結びつくことがある。これはチャンスだ。人々の病気の治療や生活の改善に役立てられるならそれに越したことはない。大いに伸ばすべきだろう。案外、これが応用研究への近道になるかもしれない。そのときのためにこそ、慌てることなく基礎をしっかり築いていこう。

引用文献

論文に書いた事実や議論にはその論拠を記した先行研究があるならば、それを必ず引用しなければならない。これは結構面倒くさい。どの論文にこのことが書いてあったか、おぼろげに覚えていてもいちいち調べ直し確認しなければならないからだ。手間がかかる。すでに先行研究があるのに、あたかも自分の独創的考え方や独自の発見だったかのように書いてはならないのだ。そんなことをしたら不勉強のそしりを免れない。これは科学論文を発表する際の根本ルールの一つだと認識しておいてほしい。

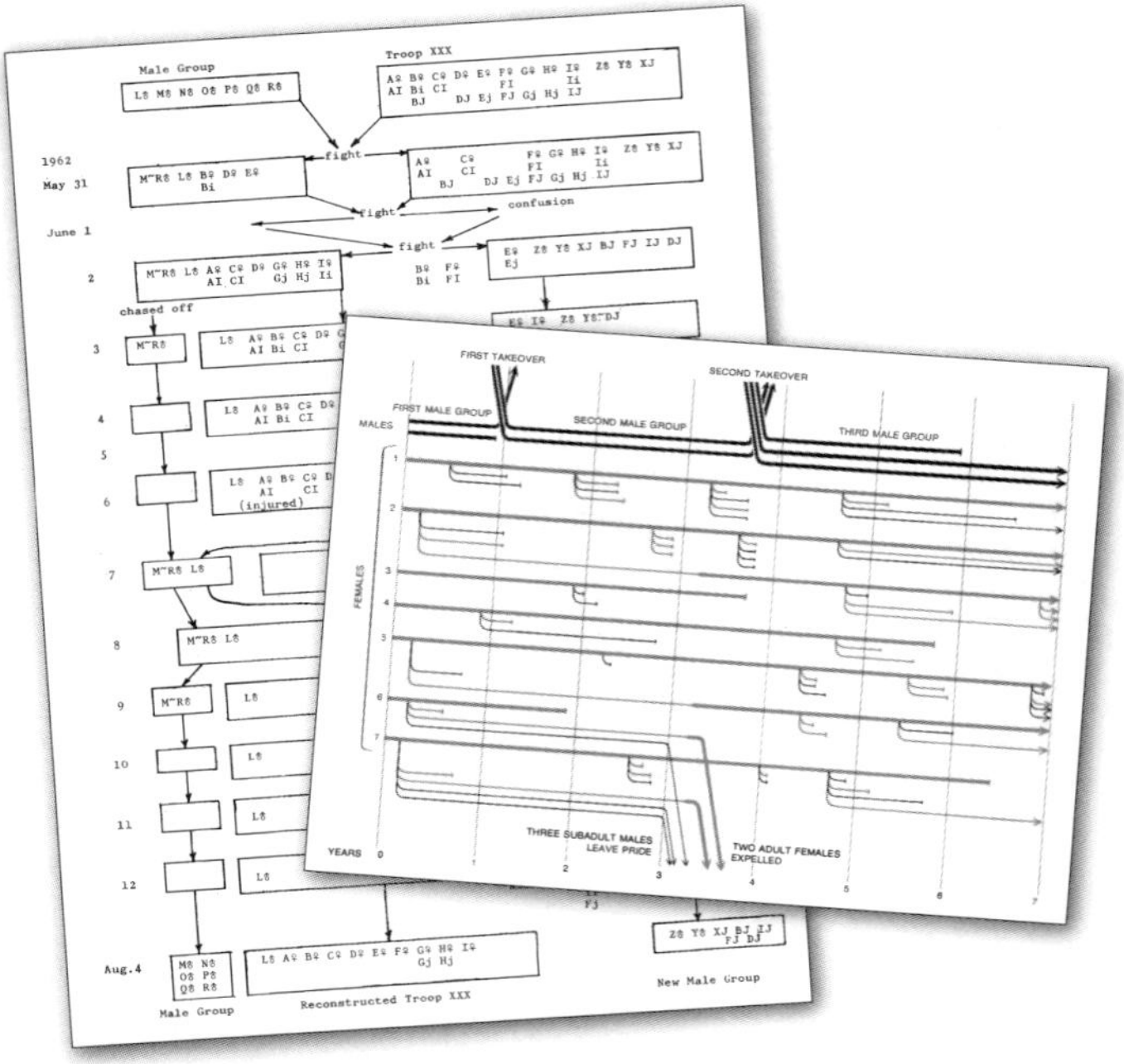

何年も前に発表されたハヌマンラングールの子殺しの論文のなかの図　［左，Y. Sugiyama, *Primates*, **6**, 381（1965）］と同じような図［右，B. C. R. Bertram, *Sci. Am.*, **232**, 54（1975）］を示しながら，先行研究をまったく無視していた

さらにこの事実や考え方を最初に公表した論文を引用しなければならない。近ごろの不勉強な若者は、最近見た論文をいともたやすく引用して済ませてしまうが、それは間違っている。事実の発見でも考え方でも「先取権」を尊重するのが先行研究者に対する礼儀というものだ。これに関しては近年科学界が著しく乱れていると嘆かわしく思う。論文執筆者だけではない。学術雑誌の編集者も査読者も例外ではない。研究者の倫理が泥ま

みれになっていると思わざるをえない。

東アフリカのセレンゲッティに生息する草原ライオンで種内子殺しを観察したバートラムさん（B.C.Bertrum）は、すでにその八年も前に英文で公表され、世界的にも話題になり始めていた私のハヌマンラングールの論文を読んでいなかったようだ（前ページ図）。先行研究無視という恥ずかしい例だ。自分が世界で最初なのか二番目なのかをしっかり知っていなければならないからだ。

最近はResearchGateと称するソーシャルネットワークサービスがパソコン上に現れて、ある研究者を友だちとして登録しておくと、その人の書いた論文の少なくとも摘要が自動的に画面に出てくるようなシステムができている。関心のある人すべてを登録しておけばよいのだが、そんなことをしていれば他人の論文を読むのに一日かかってしまう。だからといって友だちを制限しておくと大事な論文を見過ごしてしまうことがある。特に若くて初めて論文を書いた人などはなかなか俎上《そじょう》に上らない。うまく使いこなすことが必要なようだ。

引用指数

通常、研究はそれを公表した論文が他の論文に引用されることによってその価値が上がるのだが、これに目をつけて、世界中でレベルが高いとされる特定の学術雑誌に掲載された論文に引用された回数を集計する業者が現れた。称してcitation index（引用指数）という。ある論文が指定された学術雑誌に掲載された論文に何回引用されたかを示す値だ。とてつもなく煩雑な作業だ。

教員人事に際して応募書類として提出された論文が何回他人の論文に引用されたかを調べて、どの候補者を採用するかを決めることがしばしばあるようだ。少しでも分野が違ったらある論文、それを発表した候補者の科学的評価が人事委員にとっても難しいからだろう。しかし分野が違えば関係する研究者数も異なり、異なる分野間での引用数を比較するのはどだい無理な話だ。ただ、どっちの引用数が多いかで直接比較するのは不適切だとしても、ある程度の目安としては考慮に入れてもよいだろう。一方で、現存のパラダイムを変えるような突出した論文は五年も十年もほとんど引用されない可能性がある。私のハヌマンラングールの論文も引用されだしたのは六年以上たってから、それも徐々にだ。

引用数の多少はその分野の競争がどれほど激しいかを示している。競争の激しい分野やテーマは論文数が多く、引用数も多い。荒野に出現したオンリーワンの研究論文が引用されるのは長い時間がかかる。だから引用数にこだわりすぎるのは本末転倒だし、引用がないからといってつまらない論文とは限らない。引用数を増やすために友人同士で引用し合う連中がいるようだが、考えものだと思う。でも、そんなことがまかり通っているのが競争を前提にした世界の科学界の現実だ。

競争は努力を促し、より進んだ道を開くことに貢献するが、過度の競争は競争を勝抜くための手法ばかりが発達するという好ましくない道を開くことにもなる。生物進化の過程で起こった多くの生物、恐竜やマンモスやサーベルタイガーなどの絶滅が示しているとおりだ。もっとも人類は競争のための特殊化が少なく、いろんな環境に適応できる柔軟さを残している側面もある。あくまでも目安にすぎないことを認識したうえで、やっぱり被引用数を増やすように努力せざるをえないのが競争世界に放り込まれた科学者の厳しい日常だ。

ネット投稿

最近の自然科学関係の国際学術誌はほとんどすべてインターネット投稿システムになっている。編集者側にとっては便利なシステムだが、そして査読という次のステップに進む快速特急になるだろうが、投稿者側にとっては不便なことが多々ある。まず狙った雑誌に登録してパスワードを獲得していなければその先に進めない。つまりログインできないのだ。やっと投稿段階まで達しても、共著者全員の電子メールアドレスを提出しなければならない雑誌がある。著者の一人でもそのアドレスを持っていなければ投稿原稿は「受付（receive）」の段階ではねられる。古い資料を探しだして討論に参加し、何度も足を運んで研究、論文の方向性を決めるのに重要な役割を果たした老研究者、主として現場で綿密なデータ収集に専念した実直な仲間、インターネットはもとよりパソコンにも慣れていない同志を共著者として排除せざるをえないことになる。別の雑誌を探すか同志を共著者リストから外さなければならない。チームとして一緒にやってきて一つの研究を協力して仕上げた仲間を排除するなんて、そんなことできるはずがないじゃないか。

いまどきの若者には簡単なことかもしれないが、なかなかもって複雑なシステムになったものだ。

却下への対処

秀才が必ずしもこのすべてを貫徹できるとは限らない。最初の段階で自分では結果が読めてしまって、辛気臭いデータ収集にもはや大きなエネルギーを注げない人もいる。自分では自信をもって書いたつもりの論文が却下されたことに腹を立て、そこで頓挫してしまう人がいる。私は恥ずかしながら二十回以上は却下された経験がある。おかげで忍耐強くなった。編集長は明示されているが査読者は匿名ながら同業者だ。却下理由が理不尽だと思えることもある。そんなときはなるべく怒らずに、理由を述べて柔らかく抗議の手紙を送る。却下の理由を詳細に教えてくれることもあるが不誠実な返事しか届かないこともある。返事がない場合さえある。無責任だ。でも、悔しいが引下がるしかない。何しろその雑誌に関する限り先方が絶大な決定権を握っている絶対権力者なのだ。だが執筆者にとって幸いなことに、どの分野でも当該論文にふさわしい学術誌は他にもある。

スタートラインからの再挑戦になり、新しい雑誌に向けた書直しが必要になる。本体の基本は変わらないが、厄介なのは引用文献の書式だ。著者の姓・名・発行年・論文名・掲載誌・巻号・ページの順はほとんど同じだが、細部は雑誌によって文字通り千差万別だ。名は通常頭文字だけだが、姓と名の間にカンマを打つ場合と打たない場合がある。姓名の後ろにピリオドを打つ場合と打たない場合がある。発行年はむき出しの場合とカッコでくくる場合がある。雑誌名をイタリック体にする場合やゴシック体にする場合がある。引用文献リストには最近は著者姓のアルファベット順に並べることが多いが、引用順の雑誌もある。たとえば本文中には引用文献をSugiyama（2016）のように書くのが多いが、「・・・であることがわかった(5)」のように引用順に小さく右肩に番号を振るだけの場合がある。文献リストにもその番号を振っておく。『ネイチャー』(*Nature*) 誌がその代表的な例だ。単行本の章節引用は独自の項目記載順がある。微妙な違いだが、頭の痛くなる作業だ。これらすべてを新しい雑誌の様式に合わせて初めて投稿の準備が整う。一度ではとても完璧な修正は無理だ。修正の最中に電話でもかかってこようものならどこまで修正が進んだかわからなくなり、「ええいっ、ちくしょう」って受話器を取上げる前に叫びたくなる。

やっと原稿が受付けられても、また数カ月かかって、しかも新たなコメントすべてに応える苦難に耐えなければならない。コメントに従って修正することにより修正前より良い論文になったと思うことが多いが、逆に煩雑になって焦点がぼけたと感じることが無きにしもあらずだ。幸いなことに、発表そのものを断念したことは私はまだ少ない。最後まで頑張ってほしい、そこそこの能力の人よ。

送った論文が却下されたら著者としては気落ちするのが当然だが、あまり落ち込まない方がよい。査読者のレベルの方が低い場合もしばしばあるからだ。やがて生物学の世界に大きな波紋を巻起こした私の「ハヌマンラングールの社会構造」の論文を、世界で最高の科学雑誌と自称も他称もされる『ネイチャー』誌は嫌味なコメントをつけてあっさりと却下したのだ。査読者は第一級の同業者だったのだろうが、「非常識」な結果にも首をひねる柔軟さに欠けていたのだろう。既存のパラダイムに捕われた哀れな囚人だったと思うことにした。気落ちせずに頑張ろう。

やさしく簡潔に

なお、自然科学では常識なのでいうまでもないことだが、論文は平易な表現で簡潔に書くことが必須だ。社会科学や人文科学の論文を読むと、まるで難解であることを誇っているかのような文章や用語の使用が多々見られる。ときには大きな辞書にも載っていないような理解困難な用語に出くわすことがある。私が代わってやさしい言葉で書直してやりたいぐらいだ。ただしその方面の論文は学術雑誌に投稿するのではなく、たいていは市販の雑誌記事や単行本またはその一章として書かれるので、編者が同じような考えをもっていることが多いから注意を喚起されることはない。ましてその分野の大御所の書いた原稿に注意を与えるなんて、上下序列の厳しいこの分野の若い編者には難しいだろう。文系、社会科学系はタコツボに陥りがちなのだ。自然科学の学術誌で行われている同業者による査読のような厳しさに欠けるのだ。自然科学の厳しさと圧倒的な差がつくのも故なしとしない。でも、自然科学系でも注意が肝要だ。他山の石として肝に銘じよう。

citation index（引用指数）は研究者個人ばかりでなく国際的な各学術雑誌も対象にして評価している。過去一年とか二年の間にある雑誌に掲載された論文が平均して何回他の国際学術誌の論文に引用されたか。その数値でもって各雑誌を評価しようというものだ。通常、この指数が一を超えていれば一応国際誌として評価されている。野外研究の論文では三年も五年もたってから徐々に引用が増えてくる例もある。それではcitation indexの評価の対象にならない。なんとも息苦しく世知辛い世界としかいいようがない。だからトップレベルの学術雑誌の編集長はただちに注目されるような、ただちに引用されるような、つまりオンリーワンの論文よりナンバーワンの論文を優先的に採択し掲載するようになる。編集長は大所高所から最先端のさらに先を行くような突出した論文よりも、流行に乗って一歩だけ先に進んだ論文を採択する傾向を捨てきれない。そのほうが短時日での被引用率が高いからだ。だからどの論文も小物になる。学術雑誌もまた競争社会の産物になってしまった。堕落の道を歩んでいるとしかいいようがない。執筆者としてはどこの雑誌に投稿するか、よくよく考えたうえで選択した方がよい。

研究不正

パソコン上で論文を書くようになって章節や文章の継ぎはぎ、入替えが自由になったのは目覚ましい進歩であり、論文執筆者にとって大変便利になった。同時にずる賢い方法も編み出されるようになった。写真の一部を改変したり、よそから一部を借用したり、くっつけたりしながら本物っぽく見せる方法だ。複写して貼り付けるのでコピー・ペーストというそうだ。データのねつ造、改ざん、盗用で、科学者として許せないことなのだが、いずれわかることなのにもかかわらず発見しにくいので、功を焦る研究者のなかにはつい手を染めてしまうことがあるようだ。これらは犯罪に類する行為であることをしっかりと心にとどめておこう。他人のデータを借用した場合は必ず出典を明記すること。何も問題はない。

できてもいない万能細胞を簡単な方法でつくったかのごとく偽り、ＳＴＡＰ細胞と名づけて発表した、いわゆる小保方晴子事件はなぜ起こったのだろうか。善意に解釈すれば、激しい研究競争のなかで一刻も早く一番乗りを果たそうと焦った結果、まだあやふやな部分を残したまま公表に走ってしまったといえるだろう。もう少し推測を進めれば、周囲の先輩や同僚だって、世界の競争相手より先に発表をと考える一方で、慎重に確認実験を繰返すべきだと考えていたかもしれないが、とにかく世界で最初に頂上にたどり着いたことを一刻も早く世界に公表したかったのだろう。残念ながらそれは雪庇の上だったようだ。雪が解ければ、あとは奈落の底に落ちるしかない。残念ながら過度の競争がもたらした悲劇だ。ナンバーワンが次の研究費につながる。研究費を獲得できなければ次の研究に差支えが生じる。

アフリカに次のような格言があるそうだ。「ウソが一年逃げても真実は一日で追いつく」。科学の世界では、科学者は実験や観察のデータを正直に報告しているとの性善説に基づいて進められている。偽りのデータはいずれ発覚することは疑いないという信念から発している。しかし多くの場合、発覚するまでに長い時間がかかるため、科学界を混乱に陥れる可能性がある。真実は必ずしも一日では追いつかないのだ。

ところで私が問題としてとりあげたいのは教育の責任である。科学とは何なのか。科学にだって倫理がある。そんなことをしっかり若手の研究者とその卵に伝えている教育機関はあまりないのではなかろうか。就活講座よりずっと大事なことだ。大学で教育してくれないのなら自分で考えるよりしょうがない。本当は当たり前のことなのだが。倫理とは当たり前のことを当たり前にしていれば言葉にする必要もないはずだ。それを言葉にしなければならなくなったのは、大抵の場合、競争が過度になったときだ。

博士学位の取得

動物学なんていう就職など覚束ない分野で私が学位論文の執筆に精魂込めていたころ、こんなことが言われていた。「博士号取得とかけて何と解く?」「足の裏についた飯粒と解く」「その心は?」「取っても食えないが、取らなければ気になって落ち着かない」今だって学位をとったからといってすぐに就職があるわけではないが、それでも研究費の獲得の確率はかなり上がる。だから何としても学位を取っておこう。

学位授与に当たって、多くの場合、五名で構成される審査委員全員がしっかり検討して、確かにこの候補者は博士に値するという確認をし、全員が署名をすることを必須とする。

私たちの場合、新入りの大学院生はいきなりフィールドに放り出すことが多かった。大抵は自力で研究を進める気概と能力のある院生が多かったせいでもあるが、そしてときには一緒に調査地を訪れて調査の進行状況を確かめ、また指示を与え、途中経過の報告は逐一受けてそのたびにコメントすることはあっても、手取り足取りの教育や指導はあまりしてこなかった。大学院生たちは先行研究の論文をたくさん読んで、研究するとはこういうことをするもの、論文を書くにはどうすればよいか、論文にはどんなルールがあるのかなどを自分で学んでいった。もちろん定期的に開かれる研究室のゼミでしばしば発表し、指導教員からはもちろん先輩や同輩・後輩から厳しい批判を受けてきた。私自身もそうして鍛えられていった。もっとも、私の場合のように若者のやる気をくじくような批判が先輩から発せられたことも少なからずあったが。

そして最後の審判である学位申請論文は何度も指導教員の手直しを受けて初めて正式申請に至る。論文は少しずつ分野の違った委員によって厳しくチェックされる。必要なデータは過不足なくきちんと収集されているか、データ処理は適切か、筋の通った論旨が展開されているか、先行研究は適切に引用されているか、結論は結果に合った妥当なものか、さらに使用されている用語は的確に内容を現しているかにまで至った。そしてこの研究は科学的知見に新しい一石を投じたかが最も重要だ。これで一つの研究が完成したことになる。他人の意見をそのまま利用する場合には引用元を明示して自分も同じ考えであるとすればよい。盗用にはならない。ただし「同じ意見でした」だけでは執筆者本人の独自性がない。これはあくまでも脇役で、主要な自分の意見を補強するものでしかない。主要な見解、論議は、やはり自分で考えださなければならないのは当然だ。

私が博士号を取得したころは旧制博士学位の権威と品格がまだ失われていなかったころで、たとえ小さな分野であってもそこに革命をもたらすぐらいの大きなものでなければならなかった。言いかえれば、二十年や三十年は「ああ、彼はあの研究で博士号を取得したのか」と人々の記憶に残るぐらいの革新的なレベルの、大きなスケールのもの、または突出したものが必要だったのだ。

こうしてみると、まだ曖昧なままSTAP細胞の存在を発表した小保方晴子さんに学位を授与した大学の学位審査とそれ以前の大学院指導は、曖昧かつ手抜きで指導を怠ったとしかいいようがない。もしかしたら指導教員にも学位審査委員にも指導するだけの科学者としての実力も権威も、基本的な素養も欠けていたのかもしれない。もちろん学位申請者には学位に値する成果ばかりでなく倫理も必要だという自覚がなければならないことはいうまでもない。審査委員にもだ。

新聞報道によれば小保方氏の学位を返上させると大学が考えたそうだが、本当は大学が学位審査権を返上するのが先だろう。審査委員はそれほど重い任務を背負っている。小さな分野のほんの一握りの人たちのことかもしれないが、でも、大学全体の学問的レベル、ひいては日本の大学院教育全体が疑われても仕方がないだろう。レベルが落ちたとはいえ現在だって博士学位とは、「もう自分で問題に合った研究計画を立て、必要十分なデータを収集し、それを適切に処理し、科学論文として書き上げる能力がある」という証明だからだ。昔でいえば免許皆伝だ。「科学者としての倫理もわきまえている」のは当たり前のことで文章化されていないだけのことだ。

第9章　研究指導

当分の間は指導される立場だから研究指導なんて関係ないと思うかもしれないが、「戦《いくさ》をするには敵を知れ」というごとく、教員側のやり方を知っておくことは指導される若者にとってもことのほか重要だ。

実験研究

新しく入ってきた大学院生に、指導教員は通常自分の携わっている大テーマの一部を与えるが、大いに関心はあるがほとんど手をつけていないテーマを薦めたりもする。これはうまくいけば面白いことがわかるかもしれないが、いま実施中のテーマで手一杯なので自分自身ではやっている時間がない。そんな課題もあるだろう。実験研究では前者が多い。新入りの大学院生には通常自分の研究の一部を与える。しばしば重箱の隅をつつくような小テーマだが、確実に結果を出さなければ上に進めない大学院生には必要な場合が多い。研究遂行の訓練にもなる。特に最近はこの傾向が強い。指導教員の頭の中ではほぼ仮説ができていることが多く、実験手順や内容も直接指示できるようなものだ。こうした研究を通じてその分野の研究手法や思考の過程の基礎を会得しながら、大学院生は当該学問分野の全体像を知り、未知の問題を発見し、やがて自分自身の中心テーマを考えだしてゆく。もちろんその過程で多くの文献を読み、何が未知で何が既知なのか、どこまでが先行研究でわかっているのかを知らなければならない。文献を読むことは最先端の研究者がどのような方法で研究を進めてきたか、結果をどう処理したか、その結果からどんな結論を導いたか、などの紙背を読取る機会でもある。ついでに論文の書き方も習得するのは当然だ。

この院生なら自分で考えて大テーマにも挑戦する力があるだろうと期待できるときは、思い切って大テーマを提示してみる。あとは当該の大学院生の能力と努力次第だ。あらかじめ断っておくが、ここでいう能力とは頭が良いか否かはごく一部の要素だ。学部生時代の成績が良かったか否かでもない。しっかりと先行研究を勉強しているか、いろいろ試してみる好奇心を維持できるか、うまくいかなくても執念をもって研究を続ける気概があるか、最後までそれだけの努力を続けられるかどうかである。

野外研究（フィールドワーク）

一方、野外研究では観察が主体となる。特に習得しなければならない技術は少ない。指導教員は大学院生をいきなりフィールドに放り出すことが多い。「とりあえず行ってよく見てこい」　私たちは伝統的にこの方法をとってきた。フィールドから帰ってきた新入り大学院生に、何が面白かったか、何が不思議だと思ったか、何がこれまで文献で学んできたことと違っていたと思うか、そんなことを尋ねる。こうして初めから自分でテーマを見つけだす作業をさせる。海外調査の場合には、まず現地に連れていって、現地政府の関係機関との折衝、調査地の村役場や世話になる村人などとの話合いにも立会わせる。自分のしている作業の一部を手伝わせることもあるが、自由に歩かせてフィールドワークの実態を身をもって体験させることも多い。自分でテーマを探させることは同じだ。実験研究に多い前者が仮説検証型とすれば野外研究に多い後者は問題発見型ということができるだろう。

植物や昆虫、あるいはもっと小さな動物の研究なら野外で野生生物を対象にした研究でも実験研究は可能だが、大型動物を対象にした実験は極度に限られている。フィールドワークで最初にぶつかる関門は現場にうまく入り込むことだ。日本国内なら日本語で済むが、それでも現地の人たちとのコミュニケーションは絶対に欠かせない。今どき、現地と密着したコミュニケーションをもたない学者先生では通らない。

言葉の習得

海外では相手の言葉に精通しなければならない。英語ならまだしもフランス語やスペイン語、東南アジアならタイ語やマレー語やインドネシア語、ときには現地の、東アフリカならスワヒリ語、西アフリカならリンガラ語など、辞書もないような少数民族の言葉を覚えなければならない。私の場合はマノン語という、地球上で数千人にしか通じない少数民族の言語だった。もっとも、辞書もないマノン語を私は習得するに至らず、大抵は下手くそなフランス語で済ましてしまった。調査にはたいして支障がなかったが、現地の誰とも仲良くなるにはマノン語しか知らないその土地の老人や女性とも会話が必要だし、そうした方がよかったことは確かだ。怠慢だったと今ごろになって反省している。

そして現地のしたたかな役人や村人と仲良くなり、意思の疎通をはからなければならない。調査地の人たちと仲良くしてコミュニケーションをとらなければならないのは日本国内だって同じことだが、もっと丁々発止の複雑さを伴う。そこに賄賂の要求が絡んでくる。金を出せば済むことだと簡単に言う人もいるが、まずこの段階で精神的に参ってしまう。役人への贈賄だの接待なんてしたこともなく、されたこともない若造がそんな商社マンのようなことを気軽にできるわけがない。ここで海外でのフィールドワークから脱落する若者が早々と出てくる。こんな研究以前の雑多なことで多くの時間を潰す無駄な作業をしたくないという。しかし学者バカになりやすい科学研究者にとって、フィールド研究はこれまで知らなかった異なる世界の文化や現状や歴史や習慣を知る良い機会だ。人間として成長してゆくために決して無駄な月日ではない。いや、先刻と同じように、無駄にしない心がけが必要だが。

研究機材の提供なら私はできるだけ応える努力をしてきたが、私物にされることがわかっているような物品の要求には頭を抱えたものだ。後継者候補を日本によんで大学院教育をするのは今ではどの調査隊もしているし、文部科学省も留学生をよぶための資金を用意している。最後にギニアの三つの大学で合計百時間以上の講義をしたのは私としては最高の現地貢献の一つだった。フランス語の講義で、まだパワーポイントの操作に慣れていないころだったので苦労したが、何人もの後輩に助けられての授業だった。これなら私物化されやすい物品供与よりはるかに貢献度は高い。受講生のなかから霊長類の研究に進んだ者はアフリカではごく少数だったのはやむをえないが、環境保護に携わるようになった学生は何人もいたようだ。

ギニア コナクリ大学での講義　研究者は教育することも大事。下手なフランス語での授業を300人近い学生・教員がぎゅうぎゅう詰めの教室で熱心に聞いてくれた。左端に立っているのが筆者

動物福祉

野外研究を遂行するにあたっての問題を縷々《るる》述べたが、生物学または生命科学の実験室研究にも難しい問題がある。この分野では動物を実験に使うことが必須だ。このごろは実験動物の飼育管理を技術員が担当してくれることが多いが、研究者だって飼育から離れているわけにはいかない。そうしなければ動物の日常行動や習性を知らないまま実験することになる。これがとんだ落とし穴になる。

そのうえ動物福祉の観点も大事にしなければならない。動物福祉とは、生きている間はもちろんのこと、たとえ最後は殺すことがあるにしてもできるだけ苦痛を与えない方法をとること、心理的にも生理的にも安定した状態に飼育することをさす。実験動物にだって命がある、命は大事にしなければならないという研究者の心構えが必要だ。過剰なストレスを背負ったままの動物で実験しても心理的にはもちろん、生理的な値にも異常が起こるかもしれない。支障が少なければ、より下等な動物で実験すること、なるべく少ない個体数で効率よく実施すること

は必須だ。
清潔なだけでなくできるだけ広い空間で飼育する。集団生活をする動物はなるべく集団で飼育する。餌はなるべく多くの回数に分けて与える。飼育室から実験室に連れてきたときにも、拘束はなるべく短時間にする。等々。それだけ時間も手間もお金も必要だ。研究者は、ついこれらのことを端折ってしまいがちだ。実験研究にも動物を思いやる研究者の心が大切なのだ。たとえそのために結果を出すのが遅くなってもだ。少ない研究費ではつい端折りがちなこれらの点を軽視してはならない。

日本人研究者と欧米研究者の違い

フィールドワークの話を続けよう。多くの日本人研究者は、欧米人研究者に比べて言語的、文化的、歴史的に格段の不利益を背負いながら世界各国の僻地《へきち》で強力に研究を進めてきた。霊長類の研究はもとよりだが、文化人類学または民族学の分野で世界各地に飛び出してゆくのが顕著だった。そして多くの成果を上げてきた。少しずつ研究費が潤沢になり、野外研究が研究として認められるようになってからはなおさらだ。研究費がほとんどない時代に、野外研究が研究と認められていない時代にこれらの研究を開拓してきた先人の努力を忘れまい。

ところで、フィールドでの日本人と欧米人はどこか違うのだろうか。日本人研究者はこれぞ調査対象として適当な場所だと判断したら、まず小さな民家の一隅を借りて下宿生活を始めるか窓も壁もない掘立小屋生活を始める。直近の村から遠く離れた森の奥だと後者にするかテント生活にならざるをえない。まだ長期に研究を続けるかどうかわからない段階で多額の費用をつぎ込んで自分の家を建て

私の場合

私は自然環境の中に生息する霊長類の生態学を専攻してきたので,私のところにやってきた大学院生もその方向を目指していた。しかし，もう観察だけで新しい成果の上がる可能性は少ない。そこで，これなら観察だけでいけるだろうと思われる者以外は，なるべく私以外に研究面でもう一人の頼れる教員を探すよう勧めることにした。もしくは私が探して推薦することにした。実質的な副指導教員だ。

幸い同じ研究所の中に分野を異にする霊長類の研究者がたくさんいた。生殖ホルモンと性行動の研究，脳と利き手などの行動研究，DNAによる親子判定の研究，形態と成長の研究，等々だ。そのほかに食物のカロリー測定を習った者もいたし，採集した植物のタンパク質・脂肪・炭水化物の含有量を調べた者もいた。いずれも私だけでは指導しきれない研究テーマだった。これは有効だった。彼らは異なる分野の考え方を取入れたり，技術や方法や論理構成を学んでいった。もちろんこの程度の異分野合流なら今では当たり前のことだ。

副産物もあった。私と必ずしもウマが合わなくとも副指導教員の方に重きをおくなどして二股かければよく，大学院生たちは嬉々として研究に従事していった。私は指導をお願いした教員と密に連絡を取合うことによって，齟齬《そご》が起こらないように注意すればよかった。こっちだっていい勉強になる。大学院生は二つの分野にまたがった隙間を利用して新しい研究分野を開拓していった。

同じ研究機関の中に適当な「副指導教員」になるような研究者がいなければ，日本中どこへでも行くことが今は容易になった。ポケットマネーをあまり使わないでも送り出すことが可能だ。大学院生にも研究費を使うことができるようになったからでもある。本当は国内に限らず世界中にそんな指導者を探すのが一番よい。

実は指導を始めたばかりのころ，修士課程に入ってきた大学院生に「国内で一仕事してからでなければ海外調査には出してやらない」などと恫喝《どうかつ》めいた言葉を吐いたことがあった。「なにくそっ，先生なんかに有無を言わせないような，研究成果を上げてみせる」という気概のある若者が多かったことと，海外調査は簡単に行ける時代ではなかったからだ。そのうち海外調査はどんどん行けるようになり，教員側も優秀な院生の引抜きに力を入れる時代になった。大学院に入る前から研究費を割いて学部生を海外に送り出す教員さえ登場するようになった。恫喝などしていたらだれも来なくなってしまう。甘い声を掛けざるをえなくなったのだ。若者が楽にできる方に，チャンスの多い方に流れるのは当然だ。激しい競争を教育の世界にまで持込むことが良いことなのかどうか，私にはいまだによくわからない。違和感を消せないのだ。

日本に霊長類研究所ができる前にインドで立ち上げたPRIMATES RESEARCH STATIONの名入りジープの前で撮影したインド側の研究者と筆者らのチーム。筆者は向かって左から2番目。ハヌマンラングールの調査をしていたダルワールの森にて

てしまうことにはリスクを伴うからだ。成果を上げないうちから自前の家を建てるほどのお金はない。少し腰を落ち着けた段階で、生活費を切詰めて、多少の余裕ができれば自分の小屋を建て、近くの村人とコミュニケーションをよくし、現地の食べ物を食べて生活の根拠を設定する。そして現地で雇った村人とは友だちに近い関係を構築する。

欧米人だって生活の根拠を設定することは変わりない。しかし彼らは人家からある程度離れたところに根拠地を設定する。多くの場合、初めから必ず自動車を確保して食物はすべて町まで行って買ってくる。そしてお世辞にもおいしいとはいえない自分流の料理を自分でつくる。さもなくば使用人を徹底的に教育して欧米食の調理を習得させる。どちらかといえば後者が多い。現地の人たちの食べ物を同じ鍋から一緒に食べることはまずありえない。そして基本的には欧米の食べ方はもちろん生活様式全般を変えることはない。現地で雇ったガイドやトラッカー（道案内人）とは雇用者と被雇用者の関係を決して崩さない。見事なまでだ。

どちらが良いのか一概にはいえない。ただ、「郷に入れば郷に従え」という私たちのやり方の方が安上がりであり、かつ現地の情報を入手しやすいことは明らかだ。使用人と友だちに近い関係を築くことはこのような利点がある反面、相手につけ上がらせる危険性もないではない。コントロールの難しいところだ。最近は日本人研究者も経済的に豊かになって欧米風に近づいてきた傾向にあるようだ。初めから四輪駆動車をもって現地入りすることも可能になったからだ。しかし欧米研究者が日本流に近づいてきたとは必ずしも思えない。

第10章　研究費の獲得

一九六〇年代前後の研究費

まずは私が研究生活に入ったころの話から始めよう。教員にはわずかながら研究費がついていた。全体が少額なのはその時代だから当然だろう。物品費と旅費に分けられていて、旅費に使えるのは近距離なら二回、遠距離なら一回分の学会参加費程度だったようだ。大学院生は教育を受ける存在との位置づけで、研究料を学費として払いながら与えられる研究費はゼロだと申し渡されていた。本当はスズメの涙ほどの教育研究費と称する予算はあったらしい。しかしこれだって、教員が物品を購入して院生に使わせるという形式のものだった。野外研究はほとんど研究とは認められず、大学院生は私費でフィールドに出るよりほかに研究する道はなかった。

そもそも文部省は、研究とは大学で、その中の薄暗い研究室にこもってするものと考えていたらしい。教員だって私費出張が認められていなかったから休暇をとる以外に研究会出席はもちろん、野外調査などできるはずもなかった。大学を離れての研究などあるはずがないと考えられていたのだろう。文献研究や実験研究はまだしもだった。教員がその研究費で購入した文献や実験器具、薬品を使わせてもらえば何とか研究ができたからだ。それでもやはり教員と共通の文献や器具、薬品を使えるようなテーマであり、実験に限られる。指導教員に理解があれば少々テーマがずれていても実験器具や文献も買ってもらえただろうが、いずれにしても金縛りの中での出発だった。しかも、一応の研究業績を上げても四十歳以下で助教授になる前に自分の名前で研究費を獲得するなどありえなかった。

海外学術調査

国費で海外学術調査が初めて認められたのは一九五〇年代の末だったと記憶している。最初の科研費（科学研究費補助金）による海外学術調査は東京大学の石田英一郎・イラク・イラン遺跡発掘調査、東京大学の泉 靖一・南米考古民族学調査、京都大学の今西錦司・アフリカ霊長類・人類学調査の三件だけだった。それでもまだ必要経費の半分しか文部省は補助してくれなかった。たとえば一千万円の必要経費が認められたとすると五百万円は自力で工面しなければならない。そこで、趣意書と称する奉加帳を持ってあちこちの企業を回って寄付をお願いすることになる。京都に大企業はないから、どうしても東京が主で大阪が副だ。靴底をすり減らし足を棒にしての会社巡りだった。尋ねる先は大会社の総務課か庶務課。地元のお祭りや総会屋などの寄付集めと同じ窓口だ。先方は断るのに慣れている。こっちは寄付集めなんてずぶの素人だ。その場は「検討したうえでご返事します」ということで後から断り状が来るのならまだしもだ。「うちの会社とサルの研究に何の関係があるのかね」とか、「うちは東大に協力してあげているが京都の大学にまでお手伝いする余裕はない」などと面前で嫌味を言われ、冷や汗をかきながらひたすら頭を下げての行脚だった。こんなとき、「風が吹けば桶屋が儲かる」式の屁理屈を並べて相手を煙《けむ》に巻く頓智《とんち》があればよかったのかもしれないが、そんな才覚は私にはとてもなかった。

東京までの旅費と滞在費はもちろん私費だ。せっかくいただく寄付は免税措置をしてもらわなければならないので、学内に寄付受入れを主要な目的とした研究財団をつくってもらう。名前は〇〇大学理学研究協会などと称した。財団の人件費や運営経費として一〇％を上納する。結局足を棒にして五五〇万円超を集めなければ一千万円の調査隊を出すことはできなかったのである。しかも一人や二人では認められない。四、五人以上の集団を組む必要があった。さらに隊員は助手以上の教員に限られていた。大学院生は大学の中で教育を受ける存在だからだ。教授から助手まで金魚の糞《ふん》のように連なって大部隊で繰出す。一九六六年のことだった。やっと飛行機が羽田を飛び立ったときはもう持っているエネルギーの大半を使い果たし、疲労困憊の極致だった。これが研究者のすることなのだろうかと、翼の下を流れゆく真っ白な雲を小さな窓からぼんやり見ながら思った。

飛行機の中で考えたのは、なぜ一人で海外学術調査を申請してはいけないのか、なぜ助手が申請してはいけないのか、そんなことだった。たぶん文部省に問い合わせたら、「駄目だとは言っていない」と答えただろう。審査委員である学界の大御所の山分けと自主規制だったに違いない。

余談だが、同じころヒマラヤの高峰に登頂隊を派遣するとかで山岳部学生が寄付集めに走っていた。桑原武夫とか今西錦司とか西堀栄三郎などの大先輩から「よろしく頼む」と添え書きされた名刺をもらい、会社回りをしていた。多くの大会社の中堅から幹部クラスに山岳部の先輩がいる。彼らは「ザイルで命を結びあった同志」だ。社長や重役に「何とかしてやってくれ」と指示されれば総務課は無視できない。学生たちは濡れ手に粟《アワ》、一件で数十万から百万円ものお金を手に入れていた。学生たちは嬉々として寄付集めに走り回っていた。学生分際に高額の寄付をしなければならなかった総務課長の憤懣《ふんまん》が私への嫌味につながったのかもしれない。そんな愚痴をこぼしたくなった。

在学渡航

ついでに言うと、当時、大学院生は留学も含めて長期に海外に行くのには休学しなければならなかった。院生指導とは指導教員がいつも近くにいて手取り足取り教育する対象というのが文部省の考え方だったのである。私は上述のハヌマンラングールの研究のため博士課程一回生でインドに行ったが、これはロックフェラー財団から私の指導教授に流行病学（epidemiology）の基礎として、キャサヌル森林病というウイルス性の病気の媒介者であるダニを寄生させた野生ザルの生態研究ということで資金の提供があったことが、海外調査を可能にしたのである。一ドル三六〇円で日本からの持ち出しは五〇〇ドルが限度だったから、使用目的の限定された国費か、それで収益を上げる企業の派遣社員でなければ日本の資金では不可能だった。私の場合はもともと米ドルの外国資金だからこそ可能だったのだ。しかも休学せずに海外に研究に行かせてもらった大学院生として日本で最初の例になった。指導教授が頻繁に渡印して直接指導に当たるという保証をして可能になったのだ。しかし学術会議の会員も務めていた先生が頻繁に院生指導のために日本を留守にできるはずもない。実際のところ、私の二年間のインド滞在のうち調査地選びと基地の設定のために最初の一カ月弱の間同行してくれただけだった。でも、最終的に先生の期待を裏切らなかったとの自負はある。文部省が大学院生を研究者として認めるきっかけにはなったかもしれない。

現在の研究費

最近は科学研究のほとんどの場面で多額のお金がかかるのが当たり前になり、大学院生を含む新入りの研究員は指導教員の主催するプロジェクトの尻尾につかまっていないと何もできないという事態はなくなった。しかも年齢制限四十歳以下という若手専用の研究費がいくつも登場するようになった。四十歳以下の若手研究者が自分の名前で研究費を獲得できるなんて、まったく私の年代には夢のまた夢だった。あまりお金のかからない分野でも多少の研究費は必要だ。それに呼応するかのように文部科学省ばかりでなく、環境省や経済産業省、厚生労働省、農林水産省など、中央省庁が軒並み研究計画を募集するようになった。しかも大企業は財団をつくって自社の営業分野と無関係な研究にもプロジェクトを募っている。より取り見取りだ。もはや「わが社と

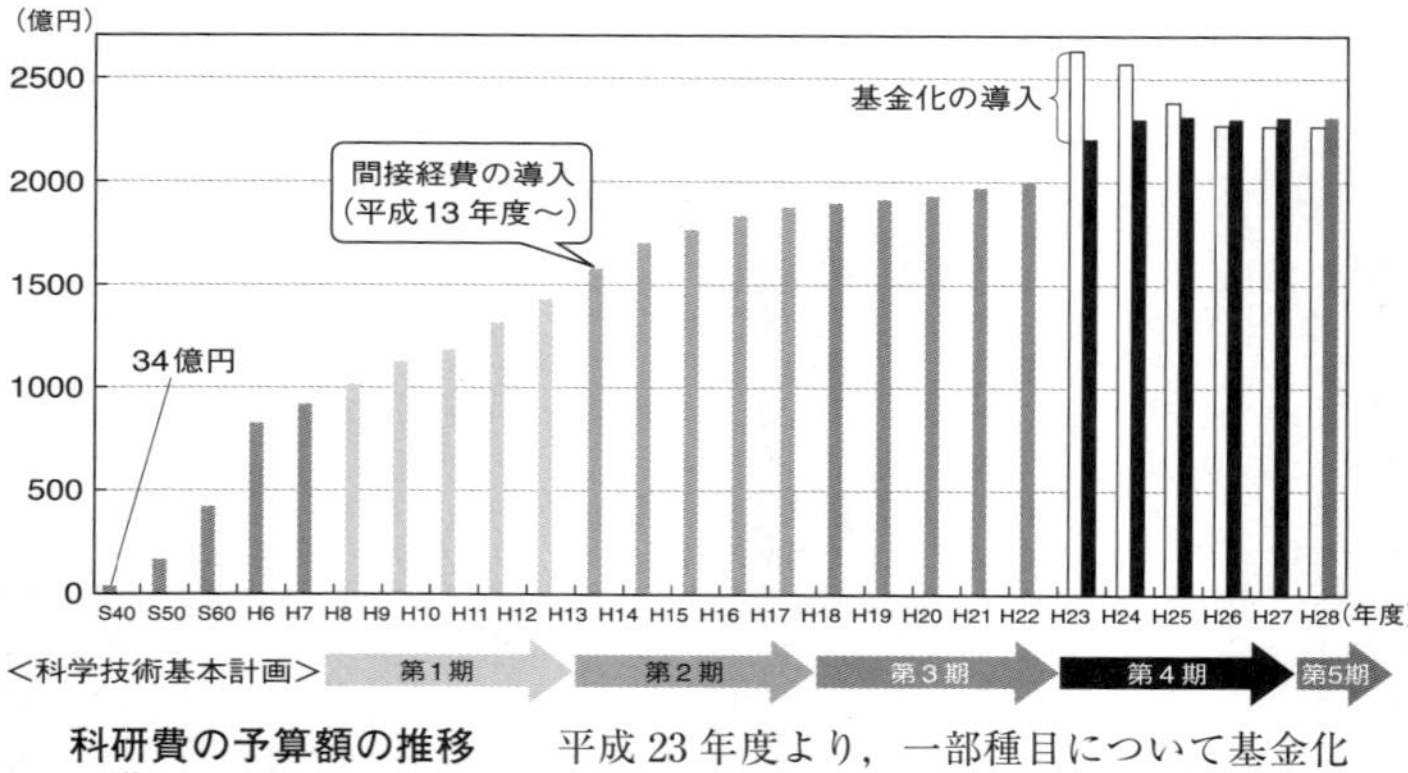

科研費の予算額の推移　平成23年度より，一部種目について基金化が導入された。そのため予算額に翌年度以降に使用する研究費が含まれることとなったので，当該年度に助成する金額（助成額）を白色の棒で，予算額とは別に表記している（日本学術振興会のホームページを参考に作成）

サルの研究との関係」などとケチなことを問うてはいない。

各省庁が研究プロジェクトを募ったり、大企業が財団をつくってひも付きでない研究に多額のお金を支出するようになったのは一九八〇年代に入ってからだったろうか。日本の経済が右肩上がりに上昇するようになってきたことによるのだろう。幸いにいわゆる経済のバブルがはじけても、いくらか規模が縮小することがあっても、財団活動を停止したという話はあまり聞いていない。鷹揚《おうよう》になっただけでなく、会社としても科学・文化事業に貢献していることを世の中にアピールするためだ。これで若手研究者が研究業績を上げられなければ責任は重大だと受止めるべきだろう。

研究資金の獲得に文部科学省ばかりでなくさまざまな財団が補助金制度を設けて援助してくれるようになったのはありがたい。申請書執筆に多くの時間を取られるからといって不平をいう筋合いではないだろう。ただし、国際学会を開くときなどには、今でも経済界に援助をお願いしなければならない。補助金にも頼ることはもちろんだが、それだけではとても足りないからだ。やっぱり会社回りは欠かせないのが現状だ。もっとも、会社回りの主役は教授で、若手のうちはカバン持ちの見習いだろうが。

ところで二〇一一（平成二十三）年度に大きな変化があった。科研費が翌年度にまたがって使えるようになったのである（前ページ図参照）。調査員は年度末になっても帰国せずに現地で研究を続けられる。年度を超えて研究を続けるという当たり前のことが認められてまだ十年にもなっていないことは、それまでの研究がいかに厳しい制約の中で行われていたかを知る機会になるだろう。

第11章　任期制の助手

助手と任期制

めでたく博士号をとっても教授になるよりずっと手前に、現在ではいくつもの関門が設定されている。学振の特研（日本学術振興会特別研究員）で気をよくしたのか、文部科学省は助手を助教に名称変更する前に任期制を原則とすることを推奨した。任期制といってもさまざまだ。大学によって任期は三年とか五年とかまちまちで、延長を認める場合も認めない場合もある。延長を認める場合でも審査があり、しかも延長は一回限りが大半だ。六年あれば一所懸命やっている限りはなにがしかの結果が出るものだが、それでも後ろから刃を突きつけられて走っているようなものだ。どうしても結果が確実に出そうな課題に絞られてしまう。おまけに相応の成果を上げたからといって次の教育研究職が用意されているわけではない。ここが問題なのだ。ひょっとすると失業者になりかねない。そうなればポスドクに逆戻りだ。ポスドクというのはpost-doctoral fellowの略である。博士にはなったけれど就職浪人をしている若者たちだ。出身校かどこかの大学の研究室に居候をさせてもらって、研究に励んでいる存在だ。

実は私も現役のころ、任期制を導入してはどうかと考えたことがある。四十歳代まで持続できればまだしも、定年まで身分の保証されている助手になってまもなく、研究活動から遠ざかってしまう人がいたからだ。こうした人たちを叱咤激励するには刃を突きつけた任期制は有効かもしれない。そんなふうに考えた。しかし、結局は一律な任期制の導入はすべての助手（助教）を小型化してしまうことになってしまうようだ。

制度である以上、一律にせざるをえない。一律にすればどんなに良い制度でも何らかの弊害が生じる。だからといって教授または機関長に絶対的権限を与えてよいものか。難しいところだ。その点では、一度審査を通らなければならないが延長可能な任期制が有効なのかもしれない。それでも審査を通るためめに、それまでに結果を出すことが求められると焦りが生じるのは必然だ。研究結果だけでなく、この人物なら、ここまで研究が進んでいるのなら、あと

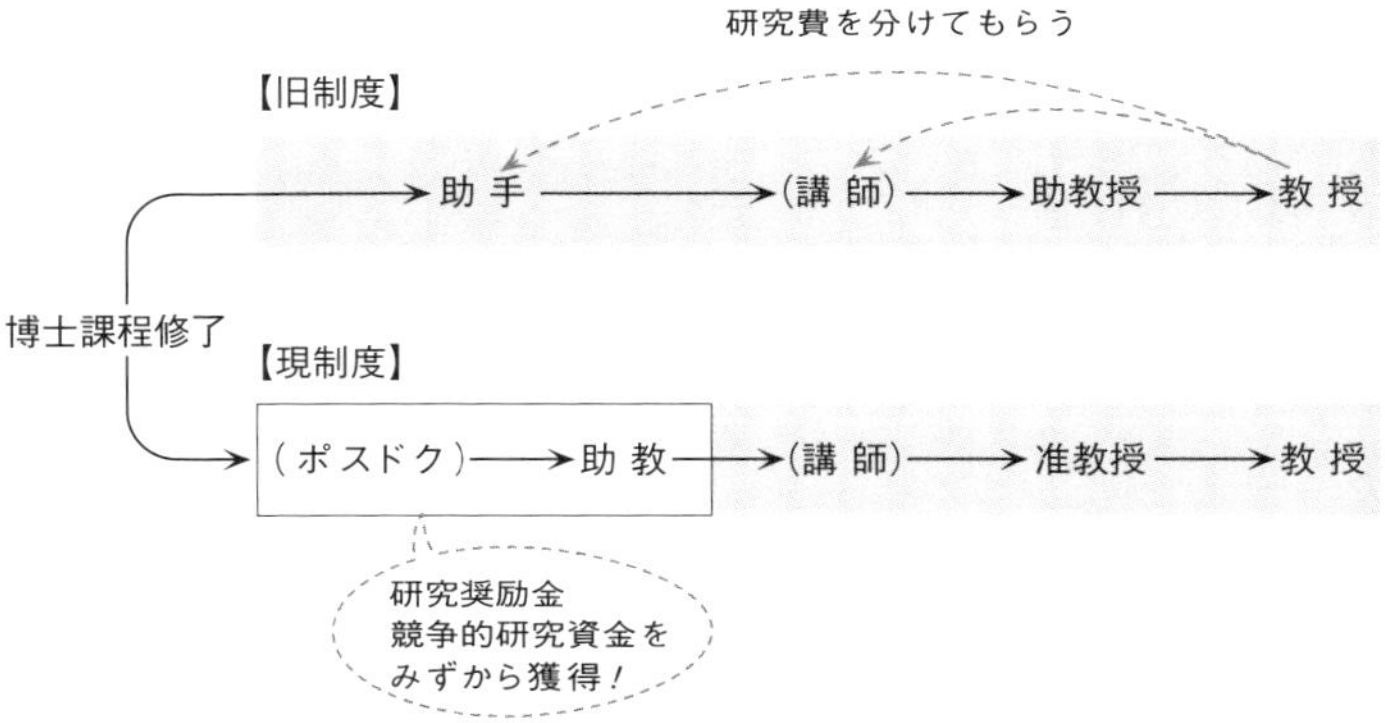

博士号取得者がアカデミアに進む場合の流れ　枠で示したポストは任期付き，灰色で示したポストはテニュアを表す。2007年の学校教育法改正により助教が新設，助教授は准教授に改められた。括弧内はある場合もない場合もある

三年でよい結果を出せるだろうとの判断も含めれば柔軟な結論を出せるだろう。それでも柔軟性はしばしば人情が絡んできて、これまた難しいところだ。どう転んだって世の中の制度は歩止まりがあるんだって達観すれば済むのだろうが。それでも一所懸命研究に従事している個人を振り落とすような制度であってはならないだろう。研究機関の制度は振り落とすのでなく、激励し引上げる制度であってほしい。

制度の弊害にへこたれず、各人が信念をもって取組んだ大テーマを忘れることなく、さしあたりは結果が確実に出そうな小テーマに取組むよりほかないのかもしれない。ビッグビジョンはスモールステップの積み重ねで初めて見えてくるものだ。

ちなみに、私が大学院生のころすでに米国では assistant professor（現在の日本の助教相当）はどこでも任期制だったようだ。associate professor（准教授）か professor（教授、他と区別するためにしばしば full professor とよばれる）になるときに厳しい審査があって tenure（テニュア：定年までまたは終身の身分保障）を得る。たいてい外部評価制度があって、私のところにも申請者の書いたすべての論文を含んだ膨大な書類がドサッと米国から送られてきて、教授とするのに十分な資格があるかどうかの評価を求められたことが何度かあった。米国は競争も激しいがポストもたくさんあるからこんな制度が成り立つんだろうと思っていたが、どうやらポストはあまり増えずに制度だけ導入されたのが日本の実状のようだ。

理工系では今日の助教はほとんどすべて博士であり、いっぱしの研究者だ。研究者として教授から助教までみな対等とされている。実際若い方が研究能力は上であることが多いのだから、それで結構だと思う。教授はその経験と広い知識を駆使して対等に渡り合えばいい。異なる観点からの意見が出てゼミではいい議論ができるはずだ。ただし教授が不勉強だと実質的に若い者だけのゼミになってしまいかねない。偉そうな顔をしているが、実は新しい知識をほとんど身につけていない教授の化けの皮が剥がされる局面だ。そんなとき、化けの皮が剥がされているのさえ気づかない教授をときどき見かけるのは悲しい。

そもそも助手とは教授を助ける手足として設定されたポストだ。研究室の会計や庶務的雑務はもちろん助手の仕事だった。秘書のような存在だった。教授の講義には陪席し、途中で教授が休憩してタバコを吸っている間に黒板に書かれた表や文字を消して、黒板消しを窓の外の壁にたたきつけチョークの粉を胸いっぱいに吸込みながらきれいにしておく。私もこれをやった。スライドもＯＨＰ（オーバーヘッドプロジェクター）もパワーポイントも白板もなかった時代だからしょうがない。教授がどんな講義をしているかを知るいい機会ではあったが、こんなこと本人が自分でやればいいのにと思わなかったわけではない。

最近ではたとえ教授が自分の研究費で雇ったパート勤務でも、秘書がいてコピーや書類作成は全部してくれる。かつて私の助手時代に担ってきた雑務はほとんど解消された。大学院生指導、学内委員会の仕事、申請書づくりなどを除けば研究に専念できるいい身分だ。これで研究成果が上がらなければ自己責任だと批判されて当然だと思う。

第12章　大学のあり方

大学の本質

本来の大学は物事を根源にまで遡って探求する場であり、職業訓練所ではない。いくつもの大学の学長がそう言明している。しかし現実には多くの大学が就職予備校に成り下がっている。学生も就職への優位度を第一の大学選択基準に考えている。まったく不幸にして親もまた同様だ。そんな大学はそんな親の期待に応えるべく卒業生の大企業への就職率の高さを競うようになり、本来、産業界とは距離を置いているはずの学問そっちのけでキャリアアップ講座だの、面接予行練習だの、エントリーシートの書き方だのに精を出すようになった。在学四年間の半分も費やしてだ。もっとも、学生の大半がそんなことさえも大学に直接教えてもらわなければできない、情けない状態なのだ。そんな学生から本当の能力を探りださなければならない企業側もさぞかし大変だろうと思う。

時代の潮流に敏感なのは古今東西あまり変わりないのかもしれない。学生は確実な就職口を求め、より出世への近道を探り、早く高い収入と高い地位を求める傾向にある。そんな時代だからこそ、自分が一生かけてもやりたいことは何かを探すことが大事なのだ。大学はそのためにこそあるはずだ。

でも言っておくが、大企業だっていつ倒産するかわからない時代であることを忘れないでほしい。
これからは大量生産・大量消費の時代だ、世界中を原料も資材も製品も動き回る、だから造船こそこれからの時代を左右する。ある先輩がそう考えて造船工学を専攻し、希望どおり大造船会社に就職した。その限りにおいて彼の予想は適中し順風満帆だった。そして部長にまで昇進した。ところがそのうち造船業は頭打ちになり、斜陽化していった。会社は多角経営に走り、もうすぐ取締役になる直前に彼は子会社であるレジャーランドの副社長として飛ばされた。地位は上がり収入も悪くない。でも、こんなことをするために自分はこれまでの人生を頑張ってきたのか、ふっとため息を漏らしたという。

前記の理想像からいえば、まさに大学は科学の根拠地である。では、そんな大学で教員は何をしているのだろうか。ここは一つ、就職予備校にまでは成り下がっていないハイレベルの大学でのことを書こう。就職予備校のレッテルが貼られた大学の教員だって、ハイレベル大学でありたいと願い、精一杯頑張っているはずだとの前提で。

がらんどうの大学キャンパス

初めは、ほとんどの人が研究することがたまらなく好きで科学研究の道に入り、不思議と感じた現象に答を見つけ出そうと、その原因を究明しようと研究を始めたはずだ。だから大学院生時代は悩み苦しみながらも嬉々として、しばしば寝る間も惜しんで徹夜などものともせずに議論し、研究にいそしんでいたものだ。二十歳代の大学院生から三十歳代の助手（助教）の頃も多くの人がそうだった。

成果が上がればますます意欲がわくし、期待したような成果が出なくとも必死になって壁を乗り越えようと頑張ってきた。夜も煌々《こうこう》と明かりがともり、土曜や日曜も大勢の若者たちが研究室や実験室にいて資料整理や論文執筆に熱中し実験にいそしんでいた。そしてときには酒を飲みながら喧々諤々《けんけんがくがく》と学問論や研究の進め方の議論もしていた。大学はそんなところだった。遊ぶお金がなかったから研究するしかしょうがなかったという側面もあったかもしれない。もっとも、常にそれがよいと主張しているわけではない。大学院生だって休日はしっかり休息をとるのがよいのかもしれない。

今だってそんな大学も確かにある。しかし、土曜日に大学に行くと人っ子一人おらず、森閑としている大学が多いようだ。研究室や実験室はがらんどうで、いるのはサッカー部や吹奏楽部などの部活動の学生ばかりというのはあまりに寂しい。体力も集中力もある若者の時代に寝食を忘れて研究に没頭する時期があってもいいんじゃないだろうか。

講座制と学科目制

一九四九年、戦後の学制改革に際して政府はそれまでの高等学校、専門学校、師範学校などを大学に格上げするにあたり、国立大学について研究を重視する主として旧制大学と教育に専念する格上げ大学を区別して、前者に従来からの講座制を、後者の多くに学科目制を敷いた。講座制は教授を頂点とする研究単位であり、教授はしばしば助教授、講師、助手たちの研究内容から人事にまで絶対的な権力をもっていた。特に医学部では教授は絶対権力者という意味で天皇に擬せられることさえあった。これが一九六八、九年の大学闘争の槍玉にあげられ、主要大学の、特に医学部では「講座制打破」が学生たちの対教授団交（団体交渉）のメインテーマの一つになっていた。教育は集団でするわけでないからか、学生から見れば先生たちはみな同等だからか、学科目内での各教員は割合対等だったようだ。

大学内でも民主化が進んで予算配分や人事でも合議による決定が多くなり、また助教授や助手でも独自の研究テーマで優れた業績を上げる者が増えてきた。増えたというのは表面上のことで、本当は講座の業績の多くはこれらの人たちの役割と成果が大きかったのかもしれない。講座集団の意味が変わってきたのを受け、二〇〇七年に講座制が廃止された。各教員は自由にテーマを考え、必要に応じて共同研究グループが分野をまたがって、さらに学部や大学を超えて縦横無尽に組まれるようになったことにもよるのだろう。研究の自由が制度的にも保障されるようになったのは喜ばしい。教授と組んで一つの大テーマの各部分を分担して進めることも結構だし、准教授や助教が独自のテーマに取組むことも自由だ。

第13章　教授は何をする人か

分岐点

研究とは、基本的には個人のアイディアに基づいて、その創意と工夫と努力によって前に進むものだ。もちろんその過程で文献を読みながら直近の教員も含めた先人の業績を参考にしたり、先輩や仲間との議論や意見を取入れて自分の研究を形づくり、推し進めてゆく。

四十歳代に入って、つまり中年に差しかかって准教授になるころには少し疲れてきて、そろそろアイディアが枯渇してくる。あるいは少し違った方向に関心が出てきて研究者は大きく分かれ道に差しかかるようになる。結婚して一人か二人の子供もでき、研究成果には学界の評価も得て地位も生活もいくらか安定し、お腹が少し出っ張ってきたころだ。

研究室経営者

この頃になると自分でしこしこと手を動かして実験したり、フィールドで汗水流して埃《ほこり》にまみれながら観察記録をつけたりするよりも、後輩や指導している大学院生に現場を任せて、自分のアイディアを彼らに実行させる方が面白くなる。指先が細かな実験についていかなくなるせいもある。その間、決して遊んでいるわけではない。あちこちの雑誌に寄稿し、講演に飛び回り、交際範囲を広げて近隣分野の研究者を共同研究者として引入れる。もちろん、そこから別分野のアイディアを取入れたり、方法や技術を学んだりする。そしてそれを弟子にやらせてみる。

一方、せっせと申請書を弟子たちに書かせて日本学術振興会の科研費（正式には科学研究費補助金／学術研究助成基金助成金）や、省庁の研究費、またあちこちの財団の研究費に自分の名前で応募してお金を獲得してくる。そろそろ知名度も上がってきたので採択率も高い。これで後輩たちの研究費は充足されて研究が一段と進み、国際学術誌に掲載された論文が量産される。弟子の論文には共著者として自分の名前をちゃっかり入れてある。お金がふんだんにあるからその研究室には弟子入り希望者がいつも大勢集まってくる。新入り大学院生は古株院生やポスドク研究員に指導を任せる。共同研究者も集まってくる。獲得した研究費の一部を使って秘書やら技術職員やらもパートで雇い入れて実務は任せる。こうして研究室は肥大化し、業績はますます増え、これを元手にまた新しい研究プロジェクトを立ち上げて強力に推進する。シンポジウムの企画依頼も増え、自分の弟子も演者の中に何人か潜り込ませる。雑誌の特集企画も請け負い、執筆者リストに弟子たちを入れる。

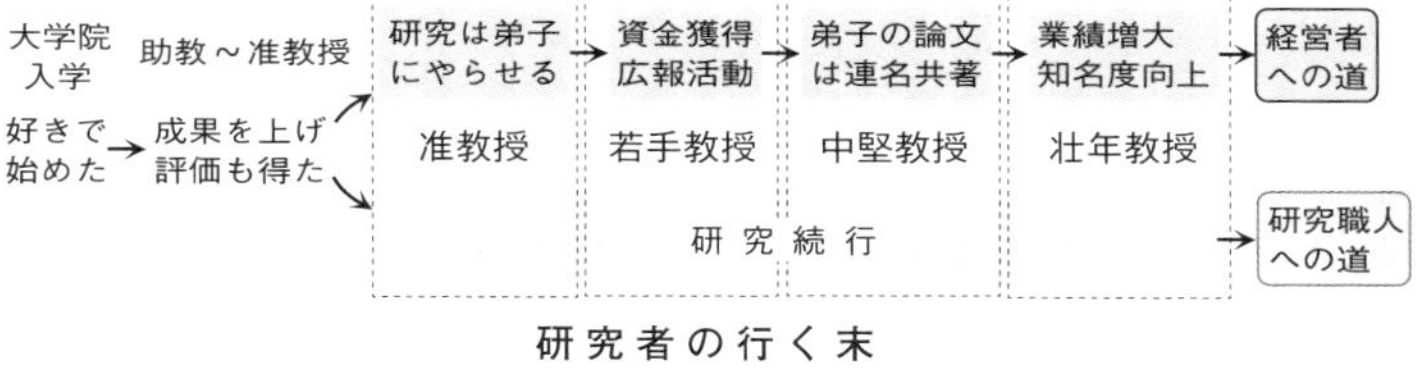

研究者の行く末

こうしてときどき舞台に上がらせてもらえるというアメ玉が与えられるので、人使いが荒いとか、何もしないのに共著者に名前を入れさせられるとか、陰ではぶつくさ不満を漏らしても弟子たちの多くは離れていかない。いや、弟子たちも心得ていて指示されていなくても共著者の最後に指導教授の名前を入れる。共著者が一人増えたからといって何も損失はない。離れていくのは「これは俺が自分で考え、自分の手を動かし、自分の努力でやった仕事だ」という自尊心のある若者とか、大プロジェクトの歯車にならずに自分のアイディアで研究を進めたい者など、気概と気骨のある少数者だけだ。

執筆した本や本の章節、市販雑誌に載せた記事、エッセイなどはたくさんあるのに、国際学術雑誌に掲載された筆頭著者としての論文は三十歳代の末ごろに書いたものが最後だ。でも共著者としての論文は無数というほどあるから、論文数に不足はない。もはや研究者である以上にベンチャー中小企業の有能な経営者だ。学会の年次大会を引受けてその大会委員長に収まったり、果ては学会長になって勲章も増えてくる。それらに付随する雑務もたくさんあるが、おおかたは弟子に任せる。知名度が上がればおのずと各種の賞も増え、省庁の諮問委員にも選ばれる。政治的手腕を駆使した研究集団の経営者といえるだろう。政治家といえるかもしれない。もちろん揶揄《やゆ》していっているわけではない。政治的手腕だって正当な意味で必要な場合が研究者にもあるからだ。

近年は誠に巧妙な方法が登場したようだ。論文の筆頭著者は研究を成し遂げた若手本人にして、corresponding author に直接研究に関わらなかった指導教員の名前をあげる方法だ。corresponding author とは論文に最終責任をもつはずの「お問い合わせ先」だ。それこそ論文の最高責任者のはずなのに別人になっている。だから、世界中のお付き合いは自分に集中するように仕組んである。おかしな話だが、時と場合に応じて使い分けるつもりらしい。東京大学でさえ分野によっては教授人事に際してうまいこと使い分けているらしい。

研究職人

大抵は研究することが好きでたまらなくて研究者への道を歩み始める。自分のアイディアと努力で相応の成果を上げて助教に採用され、やがて准教授に昇進する。それでも手と足、からだ全体を動かして研究することに没頭する。実験に没頭すること、フィールドで汗を流すこと、研究対象をいつも自分の目で見、触れていることで新しい疑問や問題も頭の中に湧き出てくる。こうしてデータを集積し、問題を解決することに興奮し、わくわくし、論文をつぎつぎに書いてゆく。いや、数は少ないかもしれないが珠玉のような重みのある論文が生みだされる。

やがてその業績が認められて教授に昇進する。あるいはよその大学から声がかかってそこの教授になる。教授になっても研究を止めない。好奇心が旺盛で、とことん研究が好きなのだ。そんな先生の後ろ姿を見て少数だが弟子になりたい大学院生がついてくる。

大きな金額ではないがそれなりに業績にふさわしい研究費も獲得して、大学院生の研究を支える程度にはやっていける状態である。フィールドでは弟子が考えたようにやらせる。あまり深くは介入しない。それでも、大学院生が相談にやってくれば懇切丁寧にみずから手を下して指導する。疑問には一緒になって真剣に考える。大きなお金はないが、何より自由にさせてくれるし、先生の学問に対する姿勢に好感をもっているので弟子たちもまあまあ満足している。彼の研究する背中を見ていると自分もファイトが湧いてくるのだ。

異業種の業界に、また各地の大学に人脈があまり多くないので弟子の就職活動が活発ではない。でも最近の教員募集の多くは公募で行われるし、インターネットで探す時代だから教授のコネに頼る機会は少ないと考えてよいだろう。

第14章　教授の品格

教授のありかた

前章で研究者の行く末について述べた。

さて、どちらがより教授として適格だとあなたは思う？　社会的に有名になりたくさんの賞を授与されてマスコミにもちやほやされるのは、もちろん経営者タイプの方だ。新聞にもしばしば登場するので偉い先生だと世間の評価も格段に高い。一方、研究職人タイプは、大学の先生だとは聞いているがテレビに出てきたこともほとんどないし、どんな研究をしているのか巷《ちまた》には知られていない。いや、聞いても難しくてよくわからない。しかし、たぶん両方とも第一級の教授といえるだろう。本来なら、もしくは歴史的には研究職人タイプの教授がよりふさわしかった。しかしどんな分野も大型化し、学際化してゆく今日では経営者であることも必要な場面が急速に増えている。もちろん現実の多くの教授はその両面を必死にこなそうと頑張っている。

文部科学省は「納税者に成果を発信せよ」と叱咤するので、一般読書人向けの著書もこなさなければならない。しかも最近ではなかなか本が売れないから出版社はどぎついタイトルをつける。タイトルぐらいは我慢しよう。中身は真面目で、結構高度で最新の知識を盛り込んで、やさしく書いているのだから。でも中身だって出版社の売らんかなの姿勢がついて回る。ついつい中身のレベルまで落としてしまう。注意が肝要だ。

難しいことをやさしく

でも、一般向けの本や記事をたくさん書いていると、ついつい読者のレベルに迎合して、ウソとはいわないまでも曖昧な部分も断定的な表現になってしまう。あくまでも正確に書いていたのでは読者にとって難解すぎるということになりかねない。あれもわからない、これもまだ十分にはわかっていないでは読者はイライラするばかりだ。「難しいことをやさしく、やさしいことを深く、深いことを面白く」とは難しいことだが科学者には必要なことだ。決して軽んじてはならない。科学論文を面白く書くことは難題だが、面白さやその価値を伝えて読者の興味をかき立てるように工夫することは大事だろう。

ある程度の研究成果を上げた若手研究者に私は次のように要求することにしている。あなたの研究を三分に要約して説明しなさいと言われたら三分で、一〇分でと言われたら一〇分で説明してください。要求された時間でやさしく説明できなかったら自分の研究をしっかり理解できているとはいえない。難しい内容を難しい言葉で説明するのは大抵の自称科学者にはできる。難しいことをやさしく説明できなかったら、自分の研究が頭の中でこなれていないのだ。どれぐらいやさしく言えばよいかって？　科学に関心がある普通の高校生にも理解できる程度にだ。

たとえばあなたは生物学に関心のある学生に「塩基ってなんですか」と問われて的確かつ簡潔に答えられますか。権威あることで知られる『岩波生物学辞典 第四版』（岩波書店、一九九六年）を見ると、塩基の項に「核酸やヌクレオチドの・・・塩基性部分をいう」と書いてあった。塩基とは何だという疑問に対して「塩基性部分をいう」なんて、まったく答になっていない。難しいことを難しくしかいえない堂々巡りの記述だ。こんな辞典に二度とお金を出したくないので以後は買っていないが、図書館で調べたら二〇一三年発行の第五版でもほぼ同じ表現だった。多少文章が変わっているから編者や執筆者が見直していることは確かだ。実はＤＮＡの研究をしている同僚にも聞いたことがある。答は「塩基は塩基ですよ」だって。ある生殖生理の専門家に聞いたことがある。「フェロモンって何ですか、ホルモンみたいなものですか」そしたら彼はこんなふうに答えた。「全然違いますよ、フェロモンはフェロモンですよ」

さて、どの教授も研究費申請書を数多くこなし、実験室に入る時間、フィールドに出る日数が足りないことを嘆いている。しかし申請書は、いかに自分たちの研究が重要か、人類の将来にどう貢献するかをアピールし、その研究を進めるためにこれだけのお金がどうしても必要であることを訴えることだ。しかもそれを読む相手はいくらか違った分野の人か、もしくは文部科学省の役人や財団の担当者だ。わかりやすく書くことは自分の研究の価値を自分で理解するためにも必要な作業だ。研究時間が減っても、決して無駄な時間ではないはずだ。研究費になるお金の多くが税金で賄われている以上、また世界市場で奮闘し活躍する日本経済の発展のおこぼれを頂戴している以上、納税者や消費者、経済界を納得させることは絶対に必要だ。嫌味を言われながら奉加帳をもって会社回りをしないで済むだけありがたいことだと世の教授方は思ってほしいというのが私の本音だ。駆け出しの研究者にも今のうちからこのことを肝に銘じておいてほしいと思う。

教授の品格

かつて教授は人事権も研究費も一手に握る存在だった。民主主義の世の中になって教員人事が教授だけの手から助教授やときには助手にまで広がり、研究費も教員みんなで配分するようになって公平性と透明性が少しずつ浸透してきた。

それでも私が研究を始めたころは弟子に書かせた研究成果に多少手を加えた程度のものを教授が自分の名前で公表するなどは当たり前だった。翻訳などはこれが常態だった。それでも最後のあとがきに「誰それ君の全面的な協力を得た」とでも書かれればまだしもだった。現在でも大学院生の研究にアイディアを出し、書かれた論文に手を入れるなどして、自分の名前を共著者に含める教授がざらにいる。アイディアを出したり論文の手直しなどは指導教員としての業務のはずだ。それで給料をもらっているのだから。しばらくの間私の上司だった現代霊長類学の先駆者、伊谷純一郎さんは、自分が直接手を下した研究でなければどんなに基本的なアイディアを出し、自分で獲得してきた研究費をつぎ込み、論文の手直しをしてやっても、自分の名前を共著者にするのを承諾しなかった。研究面ではずいぶん論争をした相手だったが、学者としての本分をわきまえた毅然《きぜん》とした態度だったと思う。

もう一つ。賞をもらおうがもらうまいが、学会長になろうがなるまいが、中央省庁の諮問委員に名を連ねようが連ねまいが、教授の科学者としての価値を世間的な知名度で判断してはならない。指導教員を選ぶに際しては真の科学者か否かで決めるのがよいだろう。そして副次的ではあるが、自分とウマが合うかどうかも考えたほうがよいかもしれない。もちろん、自分の思いどおりの研究を自由にやらせてもらえるなら、たくさん研究費を獲得してきてくれる教授を指導教員に選ぶ若者がいても否定するつもりはない。だが、ウマが合わなくてもそれなりの対処の仕方を知っている教員なら問題はない。とにかく、最低限、教授の品格だけは見極めたほうがよい。

ところで、第13章「研究室経営者」の項で少し否定的な像を示したかもしれない。しかし実際には研究面だけでなく、人柄を慕って多くの研究室員が集まってくるような教授もいないではない。各人は自由に研究していながら全体として議論は活発でよくまとまっているような場合だ。こんなところではムチなど使わずアメも配らずに、しかもみんなが満足して活動している。こんなところの教授こそ本当のリーダーなのだろう。そして私の知る限り、そんな教授は研究職人であることをもやめてはいない。

リーダー

小さな研究室でも教授はリーダーだ。准教授、助教、研究費で雇われている研究員、そして大学院生とさまざまな人たちがたむろしている。当然、いろんな考えや学問的志向をもった者の集まりだ。リーダーにはそれらを受入れる寛容さが求められる。異論を排除するような教授は避けた方がいい。異論を雑音だなどと言って排除するようでは教授の品格に欠ける。どの教授を師匠として選ぶかはあなたの研究人生を左右するだろう。心してかかられよ。あなたの研究はもとより、あなたの人生そのものを左右することになるだろうから。ついでながら、大学院生だって二年目に入ったら下級生が入ってくる。彼らにとって先輩はリーダーだ。下級生に対してどう対応するかは、その資質が問われる存在だということを認識しておこう。ずっと先のことではない。もう目の前に迫っている。

教授のなかには自身の研究業績はさほどでもないが学生指導の上手な人がいる。うまくおだてて自分より優れた研究をさせてしまう。アイディアはあるのだが自分の手が動かないか、論文を出すまでのどこかに不足があって研究が一段落するまで到達しないのだ。同じく、研究はあまりしてこなかったが持ち前の政治力であちこちに渡りをつけ、研究費を獲得して弟子たちに配っている人もいる。こんな教授たちだってそれなりのリーダーといえるかもしれない。あとは、スタートラインに立った若者がついていこうとするかどうかだ。大学院生側から見れば研究だけでなく人間的にも影響を受けられる人かどうかだ。会社なら入社後に上司を選ぶことはできないが、大学院生が師匠を選ぶことができる。ただし、一度選んでしまったら、おいそれとは代えがたくなることも心の片隅にとどめておこう。

研究環境

もう一つ付け加えておく。研究環境とはお金のあるなしだけではない。すでに書いたとおり、経済的な豊かさで研究室を選んでもよいが、「人」とそれを取巻く空気こそ最も重要な選択基準だ。事前に研究室を訪問したりゼミを傍聴する機会があったら出席してみることを勧めたい。教授から院生まで含めて活発な議論が交わされているか。教授から院生まで対等に議論が行われているか。質疑に際して発表者は元気よく応答しているか。大学院生は自由に研究テーマを選んでいるか。たとえ教授から与えられたテーマでも十分納得して取組んでいるか。そんなことをよく見て、感じ取ってくるとよいだろう。もっとも、そんなこと簡単にわかるものではない。でも、そうだ、この研究室であの人たちの中に入って一緒に議論に参加したい、自分の研究に厳しいけれど心のこもった親切なコメントをもらいたい、そう思うかどうかだ。それは研究への意欲をかき立てられるか否かに関わってくる。

私が発表したハヌマンラングールの子殺しの不思議に目をつけて、たぶん世界でたった一人、講義のなかで話題に取上げたのはハーバード大学のアーヴン・ドヴォアさん（Irven DeVore）だった。異常かもしれないけれど、異常ならなぜそんな異常が起こるのかを明らかにする必要があるだろう。そんな講義だったようだ。その講義を聞いてさらに関心を高めたのが、前述（第6章）のフルディさんだったのだ。彼女は母親の用意してくれた旅費を使ってインドに渡った。「いくら米国だって学生にいきなりインドまで行く旅費が大学から与えられるようなことはありえません」とあとで彼女に聞いた。そして帰国後、その結果をもとに博士学位申請に名乗りを上げた。

ハーバード大学では博士候補者に三名の助言者（supervisor）がつくのだそうだ。この助言者に指名されたのは、この問題を最初に取上げたドヴォアさん、本書の冒頭（第1章）で紹介したエドワード・ウィルソンさん、ロバート・トリヴァースさん（Robert L. Trivers）だった。ウィルソンさんは大著『社会生物学』（ハーバード大学出版会、一九七五年刊、邦訳は伊藤嘉昭監修、五分冊で一九八三〜一九八五年刊、思索社）を執筆中だったころだ。頭の中ではほとんど形を成していただろうと思う。トリヴァースさんは進化生物学・社会生物学の旗手ともいわれる鬼才だ。この三人を助言者にいただいたことがフルディさんに幸いした。やっぱりハーバードの研究環境はすごいというのが私の実感だ。悔しいが当時の京大の、そして日本の生物学界の太刀打ちできる相手ではなかったのだ。

私がハヌマンラングールの論文構想か粗稿を持ってハーバードに行き、これらの人たちの助言を受けていれば生物学の革命は私が担うことになっただろうというのが、かなわなかった夢である。もちろん、当時、私は欧米での熱い議論を知らなかったたし、そもそも渡米して年余を過ごすような資金もなかったが、これからの若者ならこんな研究環境を選択することは容易なことだ。これからの若者には、自分の研究のレベルアップを後押ししてくれる研究環境を日本国内だけでなく世界中に探してほしいと思う。いまの日本なら中央省庁や研究財団の出す公の研究費はもちろん、「母親の工面してくれたお金」でだって世界中どこへでも行ける若者がたくさんいる時代だからだ。

分野間接続担当

教授の話に戻ろう。週に七コマも八コマも授業を担当し、さらに学内委員をいくつも抱えていれば研究する時間がなくなるのは当然だ。その授業の内容を前年度末には確定してシラバスと称する計画書を作成しなければならない。事務局に依頼されれば鉄道のダイヤ作成のような複雑なカリキュラムを編成しなければならない。お願いする立場だから非常勤講師の授業時限は本人の希望に沿うのが第一だ。わがままな有力教授は、「私は朝の一時限はやりたくない」などとぜいたくをぬかしやがる。断ればあとで嫌がらせを受ける。大変な作業だ。

自分の授業の準備にも多くの時間を割かなければならない。あくまでもやさしく、楽しく理解できるようにパワーポイントを駆使してつくったスライドの準備が必要だ。だからといって毎年同じことばかりしゃべっているわけにはいかない。学生は先輩のノートを借りて試験だけ出席するようになる。毎年少しずつは改変が、五年に一回は大改訂が必要だ。研究室内での文献探索の時間はあってもぶつ切りの時間になる。悩ましいところだ。多くの私立大学や国公立でも地方の大学教員はこんな立場に置かれている。もちろん海外など遠距離のフィールドに出られるのは夏休みか春休みぐらいしかない。

しかし一方、授業のためというのが大きな要因ではあるが、自分の研究テーマよりはるかに広い分野の最先端の文献を読みこなす機会となる。こうして複数の分野の橋渡しの役割を果たすことが可能だ。さらに、欧米で今熱い議論が闘わされているが日本にはまだ導入されていないような課題をいち早くこなして、国内の研究者に紹介する役割も果たせる。

もう一つ、最先端の内容をこなしてやさしく伝える方法が身についてくる。今どきのぐうたら学生に理解してもらえる授業をしなければならないからだ。これも重要な能力だ。ただし、つい学生や世間の流れに押されてそのレベルまで下げてしまわないよう、気をつけなければならない。今にも腐って落ちそうな危ない橋ではある。

国公立では少数だが、私立大学のうちでも大きな大学ではサバティカル・イヤーという制度がある。平常は授業や各種委員会、学内業務などで重い負担を強いられているが、八年から十年に一度ぐらい、いくらかの研究費までつけて丸々一年、自由にさせてくれる制度だ。こんなとき、国内でも海外でも望む研究機関の客員研究員になって新しい学問的情報を仕入れたり、実験に集中することができる。いくつもの機関を巡って議論に明け暮れてもよいし、野外調査に全期間を費やしてもよい。しかしこれも、普段の重圧から解放されてほっとするだけで一年間を無為に過ごしやすいという落とし穴にもなる。厳重な注意が肝要だ。

第15章　定年後の人生

研究を始めたばかり、まだ助教のポストさえ得ていない若者には関心は薄いかもしれないが、再び教授の話に戻って、めでたく定年を迎えたことにしよう。定年後の教授たちを追ってみると主として三つのタイプがあるようだ。定年はしだいに延びる傾向にあり、最近では国立大学で六十五歳、私立大学では七十歳が一般的だ。

最も有利な人生

第一は経営者タイプだった教授。そのつき合いの広さと世渡りの上手さ、巧みな管理能力、もちろん経営的・政治的手腕を買われて別の大学の学長として招かれたり、病院長に就任したり、政府関係の諮問委員会をいくつもかけもちしたりする。引く手は数多くある。心身が動かなくなるまでの老後を今から考えるならこれがベストだろう。足腰立たなくなるまで名誉職がついて回り、テレビや新聞にも引張り出され、すべてが非常勤だとしても全部合わせるとかなりの収入が保証される。世間的にも立派な学者さんとして評価される。なんともまあ、うらやましい話ではないか。ただし墓の中まで財産を背負って行けるわけではない。印税や出演料が入ったからといってなんぼのことか。もはや研究者ではなく政治家や評論家であることは明々白々だ。

最近はトップクラスの大学でも定年教授を特別教授とか栄誉教授として迎えることがある。研究や実験を続けられる結構な地位だ。しかし大学が期待しているのは「歩く広告塔」だ。有名学者の華やかな花道というべきかもしれない。

死ぬまで一書生

第二は職人タイプの教授だ。定年になってもまだ研究をやめられない。実験研究では実験室がなければ実験ができず、したがって研究ができない。もちろん、別の大学に移って教育に専念することもあるが、たいていの大学は六十五から七十歳が限度だ。まあ、そこまで研究と教育に携われたのだから、あとはのんびり過ごしてもよいだろう。

野外研究でも基本的には同じことだが、自然環境の中で研究してきた者にとってはまだまだ使える資料が書庫の奥や机の引出しに山ほど積まれている。自然環境は条件が無数にあり、これを人為的に制御できる部分はほんのわずかだ。したがってそこで観察・収集されたデータには年ごとに、地域ごとに、季節ごとに大きな変異がある。一定の方法で記録されたデータが十年分たまれば、そこにこれまで知られていなかったある傾向が見いだされることがある。ましてそれが三十年、五十年もたまれば他の追随を許さない貴重な資料になる。新しい自然界の法則が見いだされるかもしれない。

二十一世紀に入った今日でも生物学関連で五十年以上の継続記録があるのは、サケやその他の回遊魚の漁獲量などほんのわずかだ。気象関係の資料はもっと長期に蓄積された資料もあるだろう。いずれも実益面のデータだけで周辺部の資料に乏しい。あとは野外の霊長類で個体識別された個体群の記録があるだけだ。五十年以上まったく同じ方法で収集された記録は少ないが、利用価値は決して低くない。しかし、そこから利用できるデータを引出してまとめるのにはひと工夫もふた工夫も必要だ。それでも可能なことはある。そこで、定年後でも十分やりがいのある、発表に値する重要な仕事になる。そろそろ集中力が落ちてきた頭脳と体力では若いころより長い時間かかるが、ぼちぼちやるよりしょうがない。やっと書きあげた論文が紆余曲折を経ながら最終的に国際学術誌に掲載されたときは、若いころとは違った喜びがある。これもまたすばらしい人生といえるのではなかろうか。

二〇一五年に九十四歳で亡くなった理論物理学者の南部陽一郎さんは、亡くなるほんの少し前まで研究に没頭していたという。九十歳を過ぎても新しいアイディアが出てくるなんて私には雲の上よりもっと上の存在だ。もっとも南部さんは超秀才だそうだから私には無縁だが、でも、もうしばらくの間は見習い続け、生涯現役の研究者でありたいと思う。

趣味に生きる

第三は「やれやれ」タイプだ。研究が好きだからこそ、それに収入の道でもあったのでずっと続けてきたが、もう新しいアイディアも枯渇した。体力も集中力も下降気味だ。定年になって解放された今こそ若いころからずっとやりたかった趣味に生きたい。山登りやトレッキングに専念するんだと宣言して山岳地帯に居を移す人がいる。小説を読むだけでなく自分で書き始める人もいる。読んでくれる人がどれだけいるかわからないが、書き残したい話はたくさんある。どれもこれもずっと、何十年も心の奥底で温めてきたことだ。みんな、ずっと前からしたかったのだが、追われるように続けてきた研究に忙しくて実現できなかったことばかりだ。ただし趣味だけでは五年からせいぜい十年程度しかもたないケースが多い。六十歳から六十五歳が定年のころ、やることをすべてやりつくした七十歳前後で生きる目標を失い、一生を終わる元大学教授が多かったとか。統計的資料があるわけではないが、どなたもご注意あれ。

さらに趣味と実益の両立タイプもある。俺は退職後は百姓になるんだ、ずーっとそう思ってたんだ、と意気込む人がいる。百姓には定年のないのがすばらしい。果樹栽培なんかも魅力的だ。体が衰えてきたら少しずつ規模を縮小してゆっくり、のんびりやる。健康でいる限り本当にくたばるまで続けられる。嬉々として、これからどんな種子をまくか、これの収穫のあとに何を植えるか、特製のカレンダーを作って季節が変わるごとに一所懸命考えている。生命を育むことに味わう喜びは果てしない。そして多少形が悪くても虫食いでも、自分で育てた収穫物を自分の研究人生を支えてくれた配偶者と一緒に食べられるのは最高だ。またまた、うらやましい人生というべきだろう。

科学者の著書

前にも書いたが、最近は研究者自身が一般読書人向けに多くの著書を出版している。現役研究者もだが、定年後に自分の全精力を傾けて従事してきた研究の成果をわかりやすく書くようになった。こういう著書は、その人の研究人生が全部詰まっている。うまくいったからこそここまで来られたのだろうが、途中で失敗もあったはずだ。それを謙虚に受止めて素直に書いてあるならすばらしい。そんな本を心して読むと、生い立ちも研究環境もまったく違った道を歩んだ人の作品でも、自分のこれからの研究に大いに参考になる。それが見えてこないような本なら、あるいはきれいごとばかり並べてある本なら途中で放りだしてもよい。でも紙背に徹して読めば、必ず何かが見えてくるはずだ。こんな人の研究人生を私も歩みたいとか、有名な学者として知られているがこんなふうにはなりたくないとか、プラスにもマイナスにも参考になるだろう。

欧米の定年後

私が大学院生のころまではあちこちの研究室に名誉教授室という札を見かけた。まだ教員も学生も少なかったころだ。現在の日本では、定年を迎えると即座に研究室を明け渡さなければならないのが通例だ。教員も大学院生もその他の研究員も人数が増え、そのうえ実験設備は大型化している。おまけに後任がすでに決まっているのでやむをえない。狭い日本だからしょうがないのかなと思っていた。しかし日本より狭いオランダ・ユトレヒト大学の友人は定年後も研究室が確保され、研究を続けながら学生の要望に応じてときどきは授業もし、市民講座なども開いているようだった。米国での終身教授は自分から申し出るまで研究室が確保される例もあるようだ。日本の国立大学も、独立行政法人になってからは特別教授とか栄誉教授などの名前で定年後も雇用が続けられる例が少しずつ出てきたが、まだノーベル賞受賞者とか文化勲章を受章した人などに限られている。もっともこのポストは研究するためというよりは大学にとってはネオンのきらめく看板だ。だから研究業績の大きさよりも知名度が第一だ。これから研究を始めようとする人が念頭に置くべきことではないかもしれない。

ポストに限りがある以上定年制度はやむをえないが、熟年世代の研究能力は人さまざまだ。もう研究から離れて自由を満喫したい人もいるが、もっと研究を続けたいしその能力のある人もいる。実験室を必要とする人も一律に追い出されるのは社会にとって損失だ。予算に大幅な影響を与えない範囲で一定の制限を設け、義務も課しながら、より柔軟な制度がこれからの大学には必要だろう。

残業代と失業保険

ところで話は飛ぶが、私は大学を定年で辞めた後、浅はかにも、再就職の口を探しながら研究データの整理を続け論文を書いて半年は失業保険で暮らしてゆけると思っていた。ところが事務局から「先生方に失業保険はつきません」と宣言されてしまった。現役時代にも、何時まで研究を続けていても残業手当をもらったことがない。そう、そういう職業だったのだ。授業や会議以外は時間に縛られることがなく、夜中まで実験室で実験に集中することもできる一方、研究室で小説を読んでいても誰にもわからない。しかも身分は保証されていた。だからこそ、少数ではあるが研究成果を上げることなく何十年も過ごす教員がいたのだ。しかし、だからといって、こういう教員が学問をしていなかったと決めつけるのは難しい。学問の定義はきわめて広いのだ。

ただし二〇〇四年の国立大学独立行政法人化に伴い、国立大学の全教員は雇用保険への加入が義務付けられた。これで退職後は失業保険の支給が可能になった。しかし私立大学の加入は遅々として、でも少しずつ加入が増えているようだ。

もう一つ、副業が自由なことだ。副業とはいっても多くは科学普及雑誌に寄稿したり、テレビに出演、新聞に寄稿したりである。二十年近く前から文部省は研究成果を国民、つまり納税者にわかりやすく説明せよと言うようになった。つまり新聞や科学普及誌に寄稿することや、著書の出版を奨励したのである。人文科学系ではそれが研究発表の主要な機会であることが多い。その多くで、わずかではあっても原稿料や出演料が入る。副業が雇用主に奨励されているのだ。これらは勤務時間外に作業していると釈明すれば済む。しかし、他大学に非常勤講師として出講することもある。たいていは勤務時間内だ。業務に支障をきたさないという宣誓をして認められる。報酬の二重取りということになる。

多くの教員はその準備のためにいつもより広い勉強をしたり、読者や学生からの反応を得て自分の研究にも役立て、時には気分転換に利用しているが、これで科学の普及になるのだろうかと疑われるような雑誌記事で本業より多くの収入を得ている人もいないわけではない。どの場合も線引きが難しい。だからこそ本人の自覚が大切なのだ。学問とはそういうものなのだということを知ったうえで科学者の道を歩んでほしい。

第16章　命をすり減らす感染と事故

科学研究は命がけ

ここまで知ったうえで、それでも科学者を目指す読者に少々怖い話もしなければならない。慎重さと覚悟が必要だからだ。オフィスの中で事務的な仕事をしている人と違って、科学研究、なかでも自然を相手にした研究ではさまざまな危険にさらされることがある。細菌学分野の世界第一線で活躍していた野口英世博士が西アフリカ・ガーナのアクラで、みずから研究していた黄熱病にかかり五十一歳で死亡したことは誰でも知っているだろう。一九二八年のことだから衛生環境はもとより実験環境も劣悪だっただろうアフリカでのことだ。半ばフィールドワークだったといえるかもしれない。

一九三三年、米国で飼育していたアカゲザルにかまれて人獣共通感染症のBウイルス（CHV-1）にやられて医学研究従事者が死亡した。このほかにもサルの死体を扱っていてサルの体液が目に入ったことから感染した例もあると聞いている。今日では危険なウイルスを含む微生物を扱う実験はBSL（Biosafety Level）1から4までの四レベルに格付けされて、厳重な衛生管理のもとに隔離された実験室で行われている。格付けの目的は危険度に応じて感染源が室外に飛び出さないための厳重度だが、取扱者の安全確保も含まれる。したがってマニュアルに従って慎重に行われている限り重大事故は起こらないはずだ。最近では動物に触るときは、生きていても死体でも、ゴーグルをかけ、マスクをし、ゴムかプラスチックの手袋をはめて、完全重装備で実施することが常識になった。野外でも同じことだ。森の中で動物の死体を見つけたときには決して素手で触らない。実際に事故がほとんど報告されなくなったことは喜ばしい。私は何度もサルにかまれたり、森の中で見つけた死体を素手で担いで持ち帰ったりしたことがあるが、よく病気を背負ってこなかったものと、今ごろになって冷や汗をかいている。

風土病

フィールド研究は自然環境の中で行われるため、環境を人為的に管理・統制することが難しい。そこで、どんなに慎重に注意していても事故や病気を完全に防ぐことが困難だ。なかでも熱帯地方ではそれぞれの土地に特有の感染症がある。いわゆる風土病である。

社会性昆虫の働きアリがみずからの子を残さないにもかかわらず、どうして進化したかというダーウィンでも解けなかった疑問に包括適応度（第6章注参照）の概念を提唱し、社会生物学の土台を築いた、つまり生物学にパラダイムの転換をもたらしたウィリアム・ハミルトンさん（William D. Hamilton：写真）がアフリカで資料採集旅行中に、マラリアにかかって六十三歳で死亡したのは二〇〇〇年だった。私の友人でもボルネオで悪性マラリアにかかり、体力と気力を消失させて三十歳代で死亡した例がある。東南アジアやアフリカで長期調査に従事した研究者はたいていマラリアに一

資料採集旅行中にアフリカでマラリアに感染して亡くなった**W.D. Hamilton**さん（スイスバーゼル大学ホームページより）

度はかかっている。マラリア、特に熱帯熱マラリアはハマダラカが媒介する恐ろしい病気である。これにかかるとその場では一命を取止めても体力と気力を消耗し、その後の研究活動はもとより日常生活にも影響を及ぼす重大さははかり知れない。

デング熱はウイルス性感染症で、高熱を発して体力を消耗させる。日本国内でも二〇一四年に約七十年ぶりに感染が確認された。精力的なフィールドワーカーだった私の同僚がスリランカでこれにかかり脱力症で苦しんだ。一命は取留めたが、ファイト満々の人だったのにその後の研究活動に大きな影響が生じた。

遭難事故

一九六九年八月、宮崎県串間市の九州本土と野生ニホンザルの生息する幸島《こうじま》の間の狭い海で、台風接近をニュースで聞きながらボートで出かけた京都大学の吉場健二助手が転覆して遭難した。彼は学生時代の調査地で肝炎にかかり、私と一緒だったインドでも体力を消耗してフィールド調査にはあまり出られなかった。こんなことも遭難に関係していたかもしれない。

一九九七年には京都大学生態学研究センターの井上民二教授がマレーシア領サラワク（ボルネオ島）で森林生態の調査中に、搭乗していた小型飛行機の墜落により死亡した。当地では大規模な森林火災が発生しており、その煙が上空まで視界を閉ざして飛行の是非が問題になるほどだったらしい。

二〇〇〇年三月、カリフォルニア沖で資料採集に出かけたボートが荒波にのまれて転覆し、京都大学生態学研究センターの安部琢哉、東 正彦の二教授と、中野 繁助教授が遭難した。その翌年だったか、同センターの大学院生数名が山岳地帯で調査中に乗っていた自動車が崖から転落して死亡した。

それより少し前、一九九一年から九四年にかけて西アフリカ・コートジボワール（象牙海岸）のタイの森で野生チンパンジーにエボラ出血熱が発生し、四十一頭のチンパンジーが死亡した。そのうちの一例で、調査中に死亡したチンパンジーの死体を解剖していた二名の調査員がエボラ出血熱に感染した。患者はただちにパリに空輸されて治療にあたった結果、命は取留めたが、危ないところだった。人間に感染するエボラとは少し違う変異株だったから助かったのかもしれない。当時はまだ、フィールドで動物の死体を触るのに必ずゴム手袋とゴーグル、マスクを着用するという習慣はなかった。野生動物の調査地は大病院のある町からでこぼこ道で丸一日以上かかる僻地《へきち》が多い。事故や病気が発生した場合、どうやって患者を搬出するか、調査隊の責任者は常に心がけていなければならないのだ。

遭難事故は生物学の野外研究ばかりではない。野外で遂行する科学者なら誰にでも降りかかる可能性がある。一九九一年六月に起こった雲仙普賢岳《ふげんだけ》の噴火では、流れ出た火砕流によって四十三人もの犠牲者が出たが、そのなかには調査に来ていた火山学者夫妻も含まれていた。

私とその調査隊員の場合

私が一番長く関わった海外の調査地は西アフリカ・ギニアの東南端にあったボッソウという僻村《へきそん》で

ある。一九七五年から二〇〇八年までほぼ毎年または隔年で訪れていた。その間に同地を訪れ、多少とも研究に携わった日本と欧米の研究者は私の把握している限り百人近くはいた。

私が新しく開いた調査地としてまだ十分な生活設定ができていない一九七八年だったか、村はずれの泉から出る水を飲料水として村の女性に運んでもらっていた。その生水を飲んでいたのが失敗だった。帰国後、毎朝出勤前に鳩尾《みぞおち》のあたりがきりきりと痛み、病院に入院してあらゆる検査の末、三週間後に、当時としては最新鋭のCTスキャンの検査で肝臓に「石ころ」が転がっていることがわかった。どうやら寄生性の原虫かその他の小生物が胞子化して休んでいるか死んでいるらしかった。

一九九三年には三回にわたって調査に参加した植物生態学者のN・Yさんは不運にも熱帯熱マラリアにかかった。幸いに同行していた大学院生のG・Yさんが首都のコナクリよりも隣国コートジボワールの最大都市アビジャンの方が近いし、医療設備もよいとの判断から急きょ車をチャーターしてアビジャンまで千キロを飛ばし、早朝の日本大使館に駆け込んで一番の病院を紹介してもらい、適切な判断で一命を取留めることができた。N・Yさんが単独だったら、加えてG・Yさんの適切な判断がなかったら命が危なかった。何しろ医者のいる町まで数十キロ、病院のある町までは百キロ以上の僻地《へきち》だ。

どの例も現地生活のまだ安定していないところで起こったものだった。一九九〇年代半ばになってから駐コナクリ日本大使館のお世話になって新しい自分たちの住む家が建ち、井戸も掘って新鮮な水をふんだんに使えるようになり生活は安定した。小さいながらも各調査員は個室をもち、夕方になれば蚊取り線香をたき、夜は蚊帳《かや》をつって寝るようになった。精神的にも安定していった。

私も含めたいてい一度はマラリアにかかったり、その他の風土病におかされた経験をもつ。事故も病気もしだいに減少した。日本国内にはマラリアに詳しい医者なんて何人もいなかった時代だった。名古屋にマラリアに対処できる医師が登場したのは、どうやら私たちが実験台として役立ったようだ。

実験室での事故対策はもちろん、海外のフィールドでも衛生環境は格段に改善されて病気や事故は減ったが、自然そのものが変わったわけではない。携帯電話で日本まで即時に連絡を取り、本部の指示を仰げるようになったのは驚異的変化だが、携帯電話がけが人や急病人を運んでくれるわけではない。病院のある大きな町までガタガタ道を丸一日以上かかる僻地のフィールドはまだまだ多い。

私の場合

もう少し私自身のことを書こう。インド北部の高地，シムラでヒマラヤラングールというサルの調査をしていた1972年のことだ。調査の最後の日，6～7 m の崖から転げ落ちて右膝を強打した。最後の日だったので調査はほぼ終わっていたが，重い荷物を持ち，痛む足を引きずって首都のニューデリーに出て，関係するお役所に挨拶回りののち帰国の途についた。

国内では滋賀県米原《まいばら》の近く，霊仙山《りょうぜんざん》という急峻な山でニホンザルを追跡していたとき，つかまった崖の上の小木が根元から抜けて頭からまっさかさまに約 10 m 転落した。左の肩をしたたか岩にぶつけて一瞬気を失った。肩の骨が外れただけだったが，あと 10 cm 左に寄って落ちていたら間違いなく頭骨を骨折したか脳挫傷に見舞われたはずだ。

動物の危険性

アフリカの森には多くの猛毒をもったヘビが生息している。なんでもヘビの九割は有毒だそうな。コブラも怖いが、藪をかき分けながらばったり出会うのでなければ、相手はすばしこいので大事故には至らない。だから棒や枯れ枝をもってバサバサ周りの小枝をたたきながら進むことにしていた。一番恐ろしいのはガブーンバイパー（写真）とかパフアダーなどだ。体長は一メートルそこそこで最大幅は二〇センチを超える。森の中のけもの道に丸太棒のように転がっている。枯葉のような色でモザイク模様をしているのでうっかりすると踏みつけてしまう。それが敵の狙いらしい。踏まれた途端にヘビはそこだけ細く筋肉で締まっている鎌首を持ち上げてガブッとかむ。かまれたら一巻の終わりだ。危うく踏んづけそうになったことが何度もある。背筋の寒くなる思いだった。慎重に歩いているつもりでもチンパンジーが移動を始めたりすると慌ててついて行こうとして、慎重さに欠けることがある。こんなときがもっとも危険だ。しかし基本的には鈍重なので、先に見つければ安心だ。枯れ枝を拾ってそっと触ってやればズルズルッと去ってゆく。サバンナや疎林の調査ではライオンなどの大型肉食獣が怖い。東アフリカ・ウガンダのブドンゴ森林で調査していたとき、窓やドアを付近の住民が持ち去ってしまったがらんどうの家に住んでいたことがあった。国立マケレレ大学のフィールドステーションだ。夜中にヒョウが忍び込んできた。このときは寝袋の中で体中が凍りつく思いだった。放り出しておいた私の夕食の残飯をあさりに来たらし

アフリカで出会った猛毒をもつガブーンバイパー　森のなかの枯葉の上では見分けがつかない

い。私がほんの少し体を動かしたかすかな音に気がついて窓枠を飛び越えて出ていき、事なきを得た。あわてて飛び起きたら向こうもびっくりして、かえって襲われただろう。南米のアマゾンの森も危険いっぱいだと聞いている。動物の危険は数え上げればきりがない。動物の危険は慎重に行動することによって、おおかたは回避できるものだ。幸い、致命的な動物事故に遭遇した例は聞いていない。

一番怖いのは人間かもしれない。命を狙われるほどではないが、大都会で「人を見たら詐欺師だと思え」と言ってもいいぐらいだ。全財産を巻上げられるほどではないが、誰でも何回かは詐欺や強盗やひったくりなどの被害にあっている。私もコナクリの裏道で強盗に襲われ、パスポートと数百ドルの入ったウエストポーチをひったくられたことがあった。その日の深夜の便で帰国の手はずだった。くわばら、くわばら。

一九九〇年代の中ごろだった。調査地に向かうために経由したコートジボワールの駐アビジャン日本大使館に挨拶と現地関連の情報収集で訪問したところ、「どんなことがあっても大使館にご迷惑をかけません」という誓約書を提出させられた。調査地に向かう途中の地域で部族間のいざこざがあり、大使館の見解では危険地域を通過することになるというのが理由だった。大使館が保護すべき国民の範疇《はんちゅう》から除外されたようだった。

第17章　科学を支える仕事

「どうしてだろう」の発端

終戦直後の一九四六年のこと、私は小学五年生だった。先生に連れられて三鷹だったか小金井だったかの気象台だが測候所だかを見学した。確かラジオゾンデとかいう気象観測装置を風船にぶら下げて空に飛ばし、上空の気象を観測する様子を見せてもらった。毎日一個のゾンデを飛ばしているとのことだった。ゾンデはそのまま消えてなくなる。しかし、当時天気予報は当たらない予測の典型だった。今日のように正確で細かい予報のできる時代ではなかったのだ。先生は何か質問があったら気象台の技師さんに遠慮なく聞きなさいと言った。私は手を挙げて「こんな高価な装置を毎日飛ばしていながらどうして天気予報は当たらないのですか」ときいた。無礼な質問だと思ったのだろう、最初の質問なのに先生は「時間がないから」と打切って早々に帰り支度を始めた。もっと柔らかなきき方があっただろう。でも、子供心にも「おかしい」と思って質問したことを切捨てた先生が間違っていると悔しかった。日本の上空の気流は中国大陸からシベリアにかけての、また台湾から南の情報が不可欠なことは今では常識だ。しかし敗戦直後の日本がそんな戦勝国の上空の情報を手に入れることは不可能だったのは当然だ。そんな事情を丁寧に説明してくれれば小学生だって理解できたはずだ。そうしたら、もしかしたら私は生物学ではなく気象学を将来の専門コースに選んでいたかもしれない。いや、平和を闘いとる活動に身命を捧げていたかもしれない。子供の考える「どうして?」なんて残酷なほど直截《ちょくせつ》で単純なものだ。でも、おとなは子供の発するどんな疑問にも真摯《しんし》に答えなければならないと思う。子供だからといって決して軽く見たり、曖昧にごまかしてはいけない。これが科学の心の始まり、第一歩だからだ。当人の一生の道を決めることになるかもしれないのだ。

科学する心を支える力

前章で述べたとおり、科学研究、特に野外で研究に従事しているとさまざまな事故に出会う。なぜそんなにしてまで科学研究にこだわるのだろうか。やっぱり、ふつふつと湧き出てきた疑問に自分で解答への道を探り、努力し、工夫してその答を出すデータを蓄積する。この道筋をたどるのが楽しくてたまらないからだ。面白いのだ。答を自分で見つけたときの喜びはたとえようもない。フィールドワーカーなら自然環境の中で生きる喜びが加算される。前述のようなリスクがあってもなおかつ、この思いは変わらない。

ただし野外研究は実験室での研究のような条件設定が難しく、結果を出すのにはるかに長い時間がかかることを覚悟しなければならない。私が大学院生だったころは博士学位を取得するのに実験室で研究していた同輩の二倍の期間を要したものだ。つまり彼らが大学院五年の修了時に学位を得ていたのに対して、私たちはプラス三年以上が普通だった。私自身、博士課程の三年を終えて単位取得退学してから三年後、つまり課程博士になれるギリギリの三月に取得した。その期限を過ぎると一般人として論文博士を申請しなければならなかったのである。でも、今ではそんな悠長なことをしていては日本学術振興会（学振）の特別研究員に採用されなくなる。若手研究者向けの研究費の獲得も博士学位取得者に限るのが普通だ。競争相手がたくさんいるなかで博士号を取得していなかったら優秀ではないと判断されるからだ。これはきつい。だから大学院生は短期間で確実に結果の出る小さなテーマしか選ばなくなった。指導教員もあえて大テーマに挑ませない。そんなことをしていて学位取得が遅れたら、指導が悪い、あの先生は厳しすぎるとの評判が立ち、来てくれる若者がいなくなる。旧帝大だからといってお高く留まっていたら研究費が獲得できなくなる。こうして日本全国で博士号のレベルは著しく低下した。そして今では大学院卒業免状ぐらいの評価しかされていないのは周知のとおりだ。

やむをえないことだが、しかし日常的には小さな課題をコツコツこなしていても、大きな課題を見失わないこと、大きな課題につながる、その一部である日頃の小さな課題であることをいつも念頭から離さないでおいてほしい。さもないと、いつまでも、そして最後まで重箱の隅をつつくような研究しかできなくなってしまう。人間の器まで小さくなってしまう。これは心してほしいことだ。

オンリーワン

初めから「俺はオンリーワンになるんだ」と意気込んで研究を始める人もいるだろうが、実業界の起業じゃあるまいし、たいていは好きだし、やっていて楽しいからこそ科学研究を始め、のめりこんできたのだ。横槍が入ってもプレッシャーがかかっても、自分の考え、方針、目標を変えなかったことが、いつの間にかオンリーワンになっていたというのが成功した科学者の大方のケースだろう。先の先まで読めてしまって、これ以上辛気臭いデータ収集などやってらんねえ、という人はそこで研究者の道が閉ざされる。いや、すべてがおしまいというわけではない。他人の研究を見てコメントする科学評論家になる道がある。それもまた科学を周辺から観察する大事な役割である。

もう一つ。科学研究には独創性が求められる。独創的だからこそオンリーワンが生まれるのだ。しかし、どうしたら独創性を発揮して独創的な研究になるのか凡人にはわからない。だから私はこの点を強く言うつもりはない。広く先人の研究を検索し、「これはいける」と感じたことを自分の研究に当てはめてみるとか、「これは違う」と思ったことに食らいついてみるところから他人とは違う研究が生まれる。いつの間にか独創的な研究になっている。好奇心を広く展開する一方で、食らいついたものをとことん離さない執念も必要なのだ。

自然科学は本質を求める科学の原点、学問の原点でもある。初めからリスクを覚悟して挑んだというよりも、好きだったから始め、そして降って湧いたリスクを乗り越え、執念をもって続けた結果にすぎないのが本当のところだ。さあ、それでもあなたは科学者の道を歩みますか。良かろう、そんな人こそ科学界は大歓迎だ。

転進も大いにあり

ここまで叱咤激励しながら自然科学者になる道を書いてきたが、自然科学者になるだけが自分の能力と経験と志向と興味を生かす道でないことは当然だ。自然科学で修養を積んで、より直接に社会に役立つ道に問題を見つけて応用科学に進むことも可能だろう。応用科学は研究を楽しみながら人々に快適な生活や健康な人生を提供することができる近道でもある。そう、初めっから将来は直接役に立つ科学を目指しても、まずは自然科学から出発するのも有りだろう。いや、自然科学で科学の基本を学んでから応用に進むのが正道だ。応用科学の道に入っても常に基本に立返ることを忘れまい。

琉球諸島にはウリ類につくウリミバエやかんきつ類につくミカンコバエという害虫がいた。このためウリもミカンも沖縄の外には搬出禁止だった。私の友人の伊藤嘉昭さんがこの害虫駆除のため久米島に赴任した。彼は仲間と一緒にこれらの害虫のポピュレーション・センサス（現存個体数調査）と文献探索から始めた。事業費はあっても研究費のない環境の下でだ。そのうえで工場をつくり大量の繁殖能力のない雄を生産して野外に放した。こんな雄と交尾した雌は産卵できず、やがて個体数は漸減し、ついに久米島からこれらの害虫は絶滅し、ついで沖縄全島からその姿を消した。こうしてウリもミカンも島外への搬出が可能になり、果樹栽培農家に福音がもたらされた。伊藤さんは「最も基礎的な研究こそ最も応用的だ」と断言した。常にそううまくいくとは限らないが、まさに名言だと思う。ウリミバエとミカンコバエを琉球諸島から絶滅させるという事業を成し遂げた見事な研究経営者だったと同時に、彼は八十歳を超えても社会性昆虫の生態学研究をやめなかった研究職人でもあった。

二〇一五年ノーベル賞を受賞した大村 智さんは人の役に立つ研究をしたいと志して、病気、特に熱帯病の病原を抑える物質を土の中から抽出し、アフリカからこの種の風土病を激減させることに大きな貢献をした。私はウガンダ北部でチンパンジーの調査をしていたころ、少し北のアルバート湖で水の中に入ろうとしたとき、オンコセルカ症にかかると失明するから入るなと現地の同僚に注意された。これも大村さんのおかげで今日ではほとんどなくなったという。大村さんが築いた「人の役に立つ研究」はすごいと思う。でも、それはきわめて基礎的な研究だったのだ。一方、同年にノーベル賞を受賞した梶田隆章さんは素粒子ニュートリノに重さがあることを実験で確認したそうだ。私にはさっぱりわからない難しい基礎科学だ。どう人の役に立つのか、あまりにも私たちを取巻く世界からかけ離れている。しかし、人類の知識を豊かにすることは私たちの世界観を膨らませ、いずれは人類の発展につながるだろう。いや、そこまで考えなくとも自然の成り立ちを明らかにする作業はどれも人類に貢献すると信じてよい。

科学への関心を教育に生かす道もある。もともと国立大学の教員は教育職であって、研究職ではない。たぶん研究職というのは国立の研究所や試験所、たとえば厚生労働省所属の予防衛生研究所（現在の感染症研究所）とか水産庁所管の鯨類研究所（現在は一般財団法人）などのように、社会に直接的な必要性のある応用または半応用研究に従事する職場にあるのだろう。教育職はみずから研究に従事しながらも学生の教育や後進の指導などが最重要な職務である。そして私がいま言っているのは、その比重を教育に重くする道である。研究から遠ざかるわけではなく、これまでの経験や知識をふんだんに生かす仕事である。

教育の場では新しい研究を開拓するよりもこれまで蓄積されてきた科学的知識をより広く吸収消化し、学生や一般の人たちに伝え、関心をもってもらう作業である。もちろん研究も続ける必要があるが、むしろ学生や科学に関心のある人たちと一緒になって幅広く、かつ長期間かかる、ときには広い地域にまたがるような研究を主にすることが有効になる道でもある。学生と一緒なら春と夏の長期休暇中に故郷に帰ったついでにそれぞれがそこの土壌を採取してくるとか、ある植物があるか否かを調べてくるというような協力も得られやすい。日本全国に、ときには外国にまで調査の輪を広げることができる。前述のように短期に結果を出さなければならない研究一筋の人たちとはひと味違う、重要な成果を上げる可能性がある。最先端のアイディアよりも地べたを這《は》いまわるような地道な努力が必要に、かつ可能になるかもしれない。

科学の普及者としてのサイエンスライター

サイエンスライターというのは科学的知識を駆使して広くその重要性を社会に伝える仕事である。研究者自身の書いた記事や書物はどうしても正確さを重んじて難しくなりやすい。一般の人には理解困難な場合がしばしば起こる。そこで、わかりやすく丁寧に解説する必要がある。研究者自身も納税者や消費者、ひいては世の中全体にみずからの研究を伝える努力をしているが、どうしても生硬で、かつ狭くなりやすい。受け手の立場と知識への理解が少ないからだ。もっと広く、やさしく書かれた記事や書物が必要だ。そうした仕事を専門とするのがサイエンスライターだ。最先端の研究を進める研究者より浅くはなるが、広い知識が必要となる独自の領域である。科学を支え、一般社会との接点をつくる重要な仕事だ。

ただし、前述したように出版社の求めに応じてついついレベルを下げるなど、質の低下をまねきやすい。格調高い科学の伝道者になるのは生やさしい仕事ではない。かつて社会生物学が日本に導入されたころ、一九八〇年から九〇年代にかけて、サイエンスライターのような顔をしながら生物の世界に対する浅い理解で短絡的な話を面白おかしく流布させた作家が何人も登場した。読者にもそれなりの見識と注意が求められる。だからこそ、正確な理解に基づきながらもわかりやすく伝達できる本物のサイエンスライターの登場が必要なのだ。

頂点から頂点への伝播役

実はサイエンスライターにはもう一つの重要な役割がある。世界の科学研究の最先端の状況を研究者に伝えることだ。さらに、その先を行くアイディアを提供することもありうる。もちろん研究者だって自分の分野に関して英語で論文や専門書を読んでいるが、日本語ほどに広く深く読みこなしているわけではない。思考様式にも微妙な違いがあるので、欧米人の書いた専門書の意図や思想を的確に把握できるとは限らない。どうしても、こうした橋渡しの役割をこそ専門とする人が必要になる。語学力に秀で、欧米人のものの考え方をしっかり把握できる人材でなければならない。これは研究者に劣らず、いや、それ以上に重要な立場だ。専門化、細分化が進んだ現今の世界だからこそ広く全体を見渡せる人がより重要になったといえる。「分野間接続担当」の項（第14章）で書いたとおりだ。

前述のように私が最初に発見、記録、公表した霊長類の種内子殺し行動の生物学的意義を、社会のレベルにとどまらず生物全体の問題に発展させ理論化したのが米国の若い女性だったことは、私の非力が最大の原因ではあるが、日本に血縁選択説、包括適応度（第6章42ページ参照）の考え方がほとんど導入されていなかったことも一因だ。サルの個体間、特に雌間に生涯にわたる血縁認識があることはニホンザルで最初に見つけられ、一九五〇年代後半から一九六〇年代にかけて欧米の生物学者を驚かせたにもかかわらず、一九六〇年代末から一九七〇年代にかけて欧米では一気に盛り上がった血縁選択説には結びつかなかった。そもそもそんな議論を知らなかったのだ。

ニホンザル研究の創始者たちが人間学への傾倒が強すぎ、生物学へも深く入り込もうとする人材がいなかったことにもよる。いや、萌芽はあっても潰してきたのだ。人材にも研究内容にも、突出してはいたけれど幅が狭かった、つまり狭量だったということは反省材料だ。話が少しそれるが、言いかえれば、リーダーになったら多様な人材を受入れ養成することが研究を大きくする道につながることを示している。自分の方向性を後輩に押し付けるのではなく、各人のもっている興味を温かく見守り育ててやることだ。いや、あえて育てなくても出てきた芽は自分の力で伸びてゆくだろう。そしてオンリーワンになるかもしれない。レベルの高いサイエンスライターが日本にいなかったことこそ、欧米の動向が日本にしっかり伝わっていなかったことの最大の原因である。

科学を支える仕事

科学研究そのものではないが、すでに博士号を取得したぐらいの経験のある人たちに従事してほしい、それを支える仕事はさまざまにある。文部科学省や日本学術振興会、財団の研究費配分担当者は科学をしっかり知った人であってほしい。彼らの従事する仕事は行政手腕や事務能力だけでは困るのだ。文部科学省関係だけではなく環境省の自然保護担当官や国立公園担当官も、その他のあらゆる省庁や研究関連団体でも同じだろう。ナンバーワンを抽出するだけでなく、異色な人材を見つけだす眼力のある選考担当者が必要なのだ。ここには利益誘導の大御所なんて必要ない。

学術雑誌の編集者はもちろんだが、科学関係の書籍を扱う出版社の編集者も書籍の内容を十分理解できる人であってほしい。若い著者を指導できるぐらいの人ならすばらしい。実際にそんな人たちに私はたくさん出会っている。私の著書の原稿を見て有益なコメントをしてくれたり、私の知らない資料を探し出してくれた編集者と組んだことがあった。私も含めて編集者に育てられた研究者はいくらもいる。

第18章　君は行くのか、そんなにしてまで

女性研究者の道

ここまでは自分の直接経験してきたことを中心に書いてきた。しかし女性研究者の経験する苦難については頭では理解したつもりでも理解しきれない問題がある。少なくとも私とその周辺で採用や昇進に関して男女による差別はなかったと信じている。それにもかかわらず女性教員は圧倒的に少なかった。母数が少なかったせいもあるが、女性の目で見たらやっぱり差別はあったのかもしれない。

一九七〇年代に入るころから生物学関係の大学院も女子院生が増えてきた。実験室での研究はもとより私の属する野外研究も、さらに海外調査を希望する者もそれに比例して多くなった。初めは私自身でアフリカの調査地に連れて行って、なるべくいつも一緒にいるように心がけていたが、たくさんの仕事を日本に抱えている以上、ずっと一緒にいるわけにはいかない。現地雇用の助手に後を頼んで帰ってきたが、心配がなかったわけではない。欧米人ならまだしも、小柄な日本の若い女性ではやはり心配だ。でも、結果的にはあまり心配することはなかった。そのうち一人で行って調査地に入り、一人で帰ってくる女子大学院生も現れるようになった。現地でトラブルはなかったかと聞いたら、「と

くにトラブルらしいことはなかったけれど、俺と結婚しないか」って誘われたことがあるそうな。「で、なんて答えたの?」って聞いたら、「丁重にお断りしました」ってさ。なんといっても先方は一夫多妻が普通だから、個人的には好きになってものちのちトラブルが起こることは目に見えている。

私たちの知合いでもある素朴な村人たちはまだしも安心だが、私でさえ怖い思いをするアフリカの大都会はオオカミがうようよしているようなものだ。アフリカの怖さ、ストレスアップは国際空港到着の瞬間から始まる。一般人の入れない空港内で軍や警察の制服らしき服を着た男に「私が荷物検査なしで通してやるから百ドル出せ」という巧みな誘惑から始まる。確かにスーツケースを開けずに素通りする。あとで荷物検査官に分け前を渡すらしい。誰もがその場でグルになるらしい。

まだ空港の通関前の荷物受取りの広場にまで自称ポーターが何人も寄ってきて、俺が持ってやると言って荷物の取合いになる。一つはあっちへ、もう一つはそっちに運ばれてしまう。だから私はポーターに運ばせる荷物は一つに限ることにしていた。あとは背中に背負ったり肩から掛けたりしてしのいでいた。タクシーだってどこに連れて行かれるかわからない。私のように荒っぽい調査地開拓から始める女性はまだ少ないが、今では男性だって同じだ。総じて、男女の差を今は感じていない。

あとは結婚、出産、育児というハンディキャップをどう乗切るかだろう。そして、家事と育児と親の介護の過半を担ってくれるパートナーを見つけてほしいと願うばかりだ。しかしたとえ半分を負担してくれても、まだ女性は過剰なハンディキャップを拭い去ることができない。私の同輩や先輩・後輩の女性研究者は、もちろん研究が好きで楽しいからでもあるだろうが、独身で通す人が少なくないことがこの問題の難しさを示している。

最近は私の関係している学会のすべてが大会の会場内かその付近に保育室を用意するようになった。女性研究者は子連れで参加することができる。それでも男性が子連れで参加する例が少ないことから考えると、やはり育児は女性の負担になっているのだろう。

余談だが、一九八二年のことだった。米国ニューヨーク州のコーネル大学で「人と動物の子殺し」というテーマで国際シンポジウムが開かれ、私も招待されて出かけて行った。たびたび本書にも登場したフルディさんも主催者の一人だった。彼女は生後一カ月に満たない赤ちゃんを車に乗せてハーバード大学があるボストンからやってきた。昼間はベビーシッターに赤ちゃんを任せて会議に出席し、ときどき赤ちゃんにおっぱいを飲ませに宿舎に帰り、夜は会議の打ち合わせやパーティに出席して縦横無尽の活躍をしていた。そのときの彼女の話では、「ハーバード大学が私に与えてくれているのは郵便受けの棚一つですよ」とのことだった。やはり差別があったのだろう。米国だってここまでしなければ女性が一人前の科学者として歩き続けられないのかと心底驚くとともに、そのバイタリティに感銘を受けたものだった。日本の女性だってできないことではないはずだ。目に見えない格差に抗してでも頑張ってほしいと心から願う。

つい先日のことだ。旧知のフランス人、ラウラ・マルティネスさん（Laura Martinez）のゼミに出席した。四歳ぐらいの娘さんを連れてきていた。お母さんがプレゼンテーションをしている間、初めのうちは人形を寝かしつけたり机の間を歩き回ったりして遊んでいたが、だんだん飽きてきてお母さんにしがみつくようになった。お母さんは抱っこしたりおんぶしたりしながら講演を続けた。子供を職場に連れてくるなんて不謹慎だと以前なら言われたかもしれないが、日本でも平気で行われるようになったことは喜ばしい。日本の女性科学者もどんどんやってほしいものだ。少なくとも研究者の世界ではだれも不謹慎だなんて言わないはずだ。もしそんな奴がいたら私が追い出してやる。

女性のメリットを最大限に

ところでアルベルト・アインシュタイン（Albert Einstein）はこんなことを言ったそうだ。「異性に心を奪われることは大きな喜びであり必要不可欠なことだ。しかしそれが人生の中心事になってはいけない。もしそうなったら人は道を失ってしまう」うーん、本当にそんなこと言ったのだろうか。私は男だから勝手なことを言わせてもらうが、両方とも人生の中心事になったっていいんじゃないか。アインシュタインのような大研究はできないかもしれないが、新しい道を開く可能性はありうることだ。そしてキラキラと輝く突出した研究ができるかもしれない。それができないという根拠はどこにもない。どんなに偉い人か知らないが、この点で私はアインシュタインを支持しない。男にはできない研究があるかもしれないし、女であることの利点を利用したアイディアもあるのではないだろうか。それだけでなく、フィールドワークでは女性は結構大事にされてメリットもあるそうだ。

中根千枝さんは著名な社会人類学者で、世界各地の少数民族を対象としてその社会構造の解明に力を尽くした人だ。私と同じように人間の住む限界近くに入り込んでそこの人たちの生活と社会の成り立ちを調べた。彼女は女であることに不利益を感じたことは一度もなかったそうだ。むしろ男ならお互いに身構えてぎくしゃくする事態でもすんなりと受入れられて、調査を滑らかに進められることが多かったという。

戦争に寄与する研究

自然科学は社会や人々に直接役に立つことがないと同時に、戦争など明らかに人々に害悪をもたらすことにも関わりがないと考える人がいる。しかし、原子爆弾が自然科学の偉大な成果からほんの一歩踏み出したところで利用されたものだということは誰でも知っている。科学の研究成果を悪用したやつが悪いのだ。自分が悪いのではない。たぶん、そう考える科学者は多いだろう。しかし科学の成果が戦争や軍備拡張・高性能化に利用されてから初めて声を上げても、もう遅い。成果はすでに権力の手に握られていて、科学者の声など完全に無視され、雑音として一蹴されるだけだ。

科学がデュアルユース、つまり諸刃《もろは》の剣なのは初めからわかっていたことだ。では科学を進めない方がよいのか。そんなことはない。科学の成果は人々に幸せをもたらす道にもつながるからだ。むしろ最終的には人類の幸せにつながるものでなくてはならない。科学の成果は救世主にもなれば悪魔にもなる。だからこそ大切なのはその成果がどのように使われているか、使われそうかを常に監視し続けることだ。そのためには人として誰でももっている同じ目線、そして感性が必要だ。自分の関与している分野の研究が悪魔に利用されそうになったとき、専門家として問題の所在、ことによると人類を破滅に陥れるかもしれないメカニズムをいち早く人々に知らせる義務、権力に警告を発する義務をこそ忘れまい。研究の進展が多少遅れても警告を鳴らすことは科学者の大事な仕事なのだ。そして自分の研究成果が悪魔になりそうだとわかったとき、これは逆立ちの科学だといち早く認識して潔く研究の進展を放棄するだけの勇気をもとう。二〇一六年八月、米国大統領のオバマさんは広島の原爆記念碑の前で「科学の革命には倫理の革命が伴わなければならない」と言った。倫理は常に科学に伴わなければならない。科学に限らないことではあるが。

二〇一五年、防衛省は安全保障技術研究推進制度という研究費支給制度をつくって大学などの研究機関に応募をよびかけ始めた。二〇一五年度に三億円で始まった制度は二〇一八年度に一〇一億円の巨額になって政府予算に組込まれた。一件当たり五年で数億から数十億円の大規模プロジェクトも予定している。壊れない電子機器や高温に耐える材料、効率よく高出力を得られる素子といった極限状況で使える技術などの開発だ。応募した教授は「私の研究は戦争に直接結びつくことのない基礎研究」であることを強調しているという。当然だ。直接軍備に、そして戦争に結びつく研究は極秘に省内で進めているはずだ。基礎研究は民生にも役立つ研究が多いに違いない。しかしやがて深みに近づいたときはもう遅い。成果も機密も権力の手に握られている。改めて考えなくとも軍事組織が軍事に関係しない研究に研究費を支出することなどありえない。どこにどう寄与するかは厳密に計画している。そうでなければ目的外の国費の支出として会計検査院に警告を受ける。

米国政府の研究開発予算のうち国防総省は四八％を占めるという。大学向けの総額は年間約二千億円で、日本の文部科学省による科学研究費補助金（約二三〇〇億円）の規模に匹敵する。米空軍アジア宇宙航空研究開発事務所の科学顧問である日本人は日本の若い優秀な研究者のリクルートの仕事をしていたようだ。ある東京大学教授は五年半に二十一万ドルを受け、「機密保持など研究への制約はなく、軍のために研究するという意識はほとんどなかった」という（二〇一七年五月十五日・朝日新聞）。軍事に寄与しない研究に軍がお金を出すはずがないと彼は考えなかったのだろうか。

こうして優秀な研究者が軍事研究に取込まれてゆく。研究費がひっ迫しても研究をやめる勇気があなたにはありますか。たぶんないでしょう。なんやかんやと理屈をつけて続けざるをえないのが多くの研究者だ。どの道を歩むのか、今からじっくり考えておいた方がいいだろう。そんな局面にこそ科学者の矜持《きょうじ》が問われるときではなかろうか。

二足のわらじ

最後にもう一言だけ言っておきたい。理論物理学者 坂田昌一さんは「学者は二足のわらじが履けないようでは男じゃない」とつねづね弟子たちに言っていたそうだ。「男じゃない」というのはその時代だからしょうがないとして、彼が言った学問以外のわらじとはなんだと思いますか。それは、社会の動きから目をそらしてはならないということだ。社会が不穏な動きを示しているとき、真の科学とは関係ないとして目を閉じるなということでもある。学者バカになるなということでもある。科学者である以上、科学研究を推進することが第一なのはもちろんだ。しかしそれと同等以上に、社会の一員としてその動きに目を光らせ、声を上げる必要がある。そして自分のもつ専門知識を駆使して人々に伝えることだ。たとえその活動のために研究の歩みが遅くなっても、だ。

二〇一五年、文部科学省は研究費配分の財布をちらつかせながらすぐに役に立たない人文・社会科学の分野を縮小または廃止せよと各大学に指示した。これらの分野だって直接私たちの生活を楽にするわけでも物価を下げるわけでも病気を治してくれるわけでもないが、人の心を豊かにする一翼を担っているはずだ。そしてものごとの本質を示唆してくれることもある。そうでなくてはならない。文部科学省に指示されるまでもなく、どの大学でも文学部に変化のないまま工学部や生命科学が肥大化してきたことは世界の大学の歴史を見れば一目瞭然だ。自然科学は応用科学の基礎にあるから文部科学省の攻撃の対象にはなっていないが、科学の世界における自由競争が分野間の格差を生みだしてきたことは明らかだ。

文部科学省の指示を受けるまでもなく、生物学でいえば分類学が関係教室で淘汰されてきた歴史がある。分類学の次は形態学だ。生態学はエコ・エコ・ブームでもち直してきているが、採集してきた植物や動物を同定してくれる人がいなくなった。そして生物の生活している場を見たこともない生命科学者が跋扈《ばっこ》するようになった。このことは生物学のあらゆる分野で研究の困難をもたらしている。分野間にひずみをつくることは自分の首を絞めることになる。自分が研究している材料としての生物が自然環境でどんなふうにして生きているのか見たこともない、知ろうともしない生命科学者が高い成果を上げていることに私は心底、危惧を感じている。

文学部が消滅することを対岸の火事として見物していてはならない。大学全体で多様性を死守しなければならない。その一員である教員も学生も、そして事務官も黙していてはならないということだ。そして文学部関係者こそ、のほほんとしていてはいけない。

自分で考える人

科学者であろうという人には釈迦に説法だが、再度注意しておきたい。東日本大震災に起因する福島原子力発電所事故の後、有名無名の人たちが「安全だと言われていたから信じていた」と語っていた。この人たちはバカじゃないかと私は思った。私が言うバカとは、自分で考えない人という意味である。前述のとおりだ。学者バカになるまい。自分で考える人になろう。狭い専門の枠に閉じ込もるまい。広く社会を見渡せる科学者になろう。人間として普通の人でありたい。

結論

結論を簡潔に言おう。秀才であるか否かは必ずしも優れた研究を成し遂げる条件ではない。研究を楽しめるか否か、そして困難な状況の中でも好奇心を維持し、生抜けるかが第一だ。過酷な条件でも歯を食いしばって好奇心を失うことなく、できれば楽しんで乗切る気があるならやってみよう。いくらかでも成果が出れば、好奇心の上に情熱がほとばしり出る。そのためにはいくらかの体力も必要だ。しかし、そのいずれも初めから備わっていなくても構わない。少しずつ醸成されるものだからだ。研究することが好きでたまらないのならまず始めることを、そして続けることを勧める。好きだということが壁を乗越える力になるだろうから。へこむこともあるし、絶望することもあるだろう。ちょっとだけでも微笑む機会があったら、それを忘れずに長丁場を乗切ることも可能だろう。小さな幸運は誰にでも訪れる。それを幸運と認識し、押し広げられるか否かはそれまでに培った勉強と経験の成果だ。

温故知新という言葉を知っているでしょう。古い知識の蓄積の価値を知る者が新しい発見にたどり着けるということだそうだ。チャンスをチャンスと認識できなければそれまでのこと。どうしたら認識できるか。古い知識の蓄積があるからだ。認識してその門戸を広げられれば次の関門が待っている。意欲がますます湧いてくればどんなに苦しい状況にあっても続けられる。

初心を忘れずに目標を変えるなと言いながら、科学教の信者になっても疑う心を忘れない柔軟な脳をもてと示唆してきた。矛盾していると思われるだろう。そのとおり、矛盾している。そのときそのときでどれが大切か、自分で判断してもらうしかない。そう、心は柔らかく大事なところはあくまでも突張って。私に言えることはそこまでだ。荒野にも道はつくれる。あなたにも小さなチャンスなら必ず訪れる。そのチャンスを逃さない準備を怠らないでほしい。乾坤一擲《けんこんいってき》、好きなことだからこそ苦しくても生涯を賭けられるというものだ。信じた道を突き進みなさい。天才的なひらめきがなくても、超人的な行動力がなくても、突出した研究を生みだせる可能性はある。どんな大研究だって初めは小さな突起にすぎなかったはずだ。

そしてもう一つ、研究の成果が役に立とうが立つまいが、社会と向き合っていることを忘れないでほしい。

意志と努力と辛抱のあるところに開けよ、道。グッド・ラック！

© 細密画工房

あとがき

自然科学の研究は、その成果がすぐには役に立たないものが大部分だ。そんな時代にこそ、すぐには役に立たなくても人びとの視野を広げ、心を豊かにしてくれる文学とともに自然科学で生きてゆこうとする若者の気概に火をつけるような本が出てきてほしい。そんなふうに思って本書を書いた。若い研究者の卵や雛に対して、良かったことも悪かったことも、うれしかったことも悔しかったことも含めて自分のことをたくさん書いてきた。子供のころに森や林や野原がふんだんにあったなんてうらやましい、自分の周りには街路樹と小さな庭木しかないと嘆く若者がいるかもしれない。そうじゃない。自分の周りの環境をどう利用するかだけの問題だ。そして自然に興味をもってくれたならもっと嬉しい。そんな若者の科学者になろうとする意欲に少しでも参考になったら、このうえない喜びだ。

ところで、自分はどんな教授だったのか。そんなこと自分ではわからない。死んだ後で周囲がどんな教授だったか評価してくれるだけだ。いや、どんな悪口を言われようと無視されるよりはましだと思っている。

本書は東京化学同人の月刊誌『現代化学』に二〇一六年十月から二〇一七年十二月まで十五回にわたって連載した記事の増補版である。本当は全体を通した原稿が先にあり、連載はその圧縮版である。だから連載は少々味付け部分が少なくなってエッセンスだけになったことを危惧した。幸い味付けした方の原稿も本シリーズの一冊として出版の運びとなった。連載中は現代化学編集室の湊 夏来さんからたくさんの示唆を受け、原稿のブラッシュアップに役立たせていただいた。本書出版に際しては東京化学同人編集部 住田六連部長および内藤みどりさんのお世話になった。

退職してからも二十年近く古巣の研究所のゼミや研究会に出させてもらって、感じた思いの数々を若者たちに伝えたくなったことも、本書を書く動機の一つになった。少々批判的なことも書いたがゼミに参加して発表と討論の機会をくださった皆さんに、ここに記して深く感謝する。

二〇一八年四月

杉 山 幸 丸

科学のとびら63

研究者として生きるとはどういうことか

二〇一八年六月八日　第一刷発行

著　者　杉　山　幸　丸

発行者　小　澤　美　奈　子

発行所　株式会社　東京化学同人
東京都文京区千石三-三六-七（〒一一二-〇〇一一）
電　話　〇三-三九四六-五三一一
ＦＡＸ　〇三-三九四六-五三一七
URL：http://www.tkd-pbl.com/

印刷・製本　新日本印刷株式会社

　ISBN978-4-8079-1504-0